U0211128

| 国家自然保护地生物多样性丛书 |

浙江乌岩岭国家级自然保护区

鸟类图鉴

（上册）

主 编 刘 西 雷祖培 刘宝权

ZHEJIANG UNIVERSITY PRESS
浙江大学出版社

《浙江乌岩岭国家级自然保护区鸟类图鉴（上册）》
编辑委员会

顾　　问： 陈征海　陈　林

主　　任： 毛达雄

副 主 任： 周文杰　毛晓鹏　陶翠玲　翁国杭　蓝锋生

主　　编： 刘　西　雷祖培　刘宝权

副 主 编： 张芬耀　温超然　张培林　郑方东

编　　委（按姓氏笔画排序）：

王翠翠　毛海澄　包长远　包志远　包其敏　仲　磊
刘敏慧　刘雷雷　许济南　苏　醒　李书益　吴先助
何向武　张友仲　张书润　张娴婉　陈丽群　陈荣发
陈雪风　陈景峰　林月华　林如金　林莉斯　周乐意
周佳俊　周镇刚　郑而重　项婷婷　钟建平　夏颖慧
郭晓彤　唐升君　陶英坤　黄满好　章书声　曾文豪
蓝家仁　蓝道远　赖小连　赖家厚　雷启阳　蔡建祥
潘向东

摄　　影（按姓氏笔画排序）：

王聿凡　王青良　朱　英　朱亦凡　刘富国　严　威
严志文　张芬耀　陈光辉　周佳俊　钱　斌　徐　科
屠彦博　温超然　戴美杰　曦　恒

编写单位： 浙江乌岩岭国家级自然保护区管理中心
浙江省森林资源监测中心（浙江省林业调查规划设计院）

前言

浙江乌岩岭国家级自然保护区是镶嵌在浙南大地上的一颗神奇明珠。其总面积18861.5hm^2，是中国离东海最近的国家级森林生态型自然保护区、浙江省第二大森林生态型自然保护区。其森林植被结构完整、典型，是我国东部亚热带常绿阔叶林保存最好的地区之一，被誉为“天然生物种源基因库”和“绿色生态博物馆”。

长期以来，浙江乌岩岭国家级自然保护区全力构建生物多样性天然宝库，取得了丰硕的成果，助力泰顺县成为全国五个建设生物多样性国际示范县之一。为了系统、全面地检验和评估保护区的建设成效，以及满足新形势下摸清“家底”、建立长效监测机制的需要，2020年，浙江乌岩岭国家级自然保护区管理中心联合浙江省森林资源监测中心开展了新一轮的生物多样性综合科学考察工作，计划利用3年时间查清保护区内生物资源种类及分布情况。截至目前，野生鸟类资源本底调查已先行完成，取得了可喜的成果。为了尽快将科考成果转化为促进野生动物保护与管理、科研与科普发展的现实能力，浙江乌岩岭国家级自然保护区管理中心组织编纂了《浙江乌岩岭国家级自然保护区鸟类图鉴》。这是一部纲目清晰、图文并茂、资料丰富、特色鲜明地体现浙江乌岩岭国家级自然保护区鸟类资源的著作，充分体现了浙江乌岩岭国家级自然保护区的生物多样性，具有较高的学术价值和实用价值。

本书是对浙江乌岩岭国家级自然保护区鸟类物种的系统性整理，共收录鸟类248种，隶属17目60科，其中，国家一级重点保护鸟类有黄腹角雉、白颈长尾雉、黄嘴白鹭等4种，国家二级重点保护鸟类有栗头鳽、黑冠鹃隼、蛇雕、凤头鹰、林雕、日本鹰鸮、红隼、棕噪鹛、画眉等45种。本书分上、下两册出版：上册记载鸟类120种，包括雀形目鸟类22种、非雀形目鸟类98种；下册记载雀形目鸟类128种。书中对每种鸟类的中文名、拉丁名、英文名、形态特征、栖息环境、生活习性、地理分布、繁殖、历史记录等进行了描述，并提供生态照片。

本书的编纂出版是综合科学考察项目全体队员辛苦调查、团队协作、甘于奉献的结晶。由于本书涉及内容广泛、编著时间有限，书中难免存在疏虞之处，诚恳期望各位专家学者和读者不吝指正，十分感激！

CONTENTS 目录

总论

各论·上

总论

ZONG LUN

第一节 保护区自然地理概况

一 地理位置

浙江乌岩岭国家级自然保护区（简称保护区）地处中亚热带南北亚带分界上，是中国离东海最近的森林生态型国家级自然保护区。

保护区总面积 18861.5hm^2，包括北、南两个片区。北片为主区域，面积 17686.5hm^2，位于泰顺县的西北部，介于北纬 27°36′13″~27°48′39″、东经 119°37′08″~119°50′00″，西与福建省寿宁县接壤，北接浙江省文成、景宁县；南片面积 1175.0hm^2，位于泰顺县西南隅，介于北纬 27°20′52″~27°23′34″、东经 119°44′07″~119°47′03″，西连福建省福安市，北连泰顺县罗阳镇洲岭社区，东、南连泰顺县西旸镇洋溪社区。

二 地质地貌

保护区地处东亚大陆新华夏系第二隆起带的南段，浙江永嘉—泰顺基底坳陷带的山门—泰顺断陷区内，为洞宫山脉南段。其特点是山峦起伏、切割剧烈、多断层峡谷、地形复杂，相对高差 300~900m。海拔 1000m 以上山峰有 17 座，彼此衔接，连绵延展，成为乌岩岭主要的地形景观，其中主峰白云尖海拔 1611.3m，为温州市第一高峰。保护区位于浙南中切割侵蚀中低山区，地貌类型属于山岳地貌，以侵蚀地貌为主，堆积地貌较少见。次级地貌有山地地貌、夷平地貌和山区流水地貌。

三 气候

保护区地处浙南沿海山地，属南岭闽瓯中亚热带气候区，温暖湿润，四季分明，雨水充沛，具中亚热带海洋性季风气候特征。保护区年平均气温 15.2℃，1 月月平均气温 5.0℃，7 月月平均气温 24.1℃，极端最低气温 -11.0℃；无霜期 230 天；年平均相对湿度在 82% 以上；年平均降水量 2195mm，5—6 月最多，降水量占全年的 29%，主要生长季 3—10 月，月平均降水量均在 100mm 以上。

四 土壤

保护区土壤主要为红壤和黄壤两个土类。海拔 600m 以下的为红壤类的乌黄泥土、乌黄砾泥土；海拔 600m 及以上的为黄壤类的山地砾石黄泥土、山地黄泥土、山地砾石香灰土和山地香灰土。森林土壤厚度一般为 70cm 左右，枯枝落叶层厚 2~7cm，表土层厚 10~20cm；pH 值 4~6；全氮含量 0.1%~0.5%，全磷含量 0.02%~0.03%，全钾含量 1.8%~2.3%，有机质含量高，土壤质地好。年凋落物和枯枝落叶贮量为 15.4t/hm^2（以干物质计），腐殖质层和表土层能吸收较多的水分，因此土壤久晴不旱。

五 水文

保护区主区域（北片）河流属飞云江水系，区内白云洞和三插溪均为飞云江源头之一。保护区山高坡陡，溪沟平均坡度大，暴雨汇流时间短促，形成众多瀑、潭。但河床较窄，河宽一般在10m以内，两岸完整，冲刷缓和，源流短而流水常年不断，水质清澈，水资源丰富。

南片主要河流为交溪流域东溪的支流寿泰溪。寿泰溪为福建省福安市、寿宁县与浙江省泰顺县的界河，溪流弯多流急，径流丰沛，河流比降大，平均坡降约8.4%。

六 野生植物及植被

（一）野生植物

保护区植物种类极为丰富，区系非常复杂，是重要的生物多样性天然宝库。综合多年考察，至21世纪初，保护区种子植物共有1863种，隶属158科775属，是保护区自然生态系统的主要组成部分。保护区植物区系主要属于华东植物区系，但与华南、华中、西南，甚至日本、北美植物区系成分也有相当密切的联系。

（二）植被

保护区森林植被在全国植被分区中处于中亚热带常绿阔叶林南部亚地带。地带性植被为亚热带常绿阔叶林，又因海拔高度变化，在相应的气候垂直分布带上形成森林植被的垂直带谱系列。依据群落起源及人为影响程度不同，保护区森林植被划分为天然植被和人工植被两大类型。天然植被参照《中国植被》的分类原则和系统，并按群落的外貌特征及各群落建群种或共建种的相似程度划分为温性针叶林、温性针阔叶混交林、暖性针阔叶混交林、亚热带山地落叶阔叶林、亚热带山地常绿落叶阔叶混交林、亚热带常绿阔叶林、亚热带山地矮曲林、暖性竹林、灌丛、草丛等。

第二节 鸟类多样性概况

一 物种组成及区系分析

通过对保护区范围及周边区域的调查，并结合历史调查资料，共记录鸟类17目60科248种（见表1），其中雀形目鸟类37科150种，非雀形目16目23科98种。

保护区鸟类以雀形目物种最为丰富（见图1），占保护区总种数的60.5%。非雀形目物种以鹰形目最多，有14种；其次为鸮形目及鸻形目，各有10种。雀形目物种以鹟科种类最多，有24种；鸫科次之，有11种（见图2）。

表 1　保护区鸟类组成及区系分析

中文名	科数	种数	广布种		东洋界种		古北界种	
			种数	占比 /%	种数	占比 /%	种数	占比 /%
佛法僧目	3	7			7	100.0		
鸽形目	1	6			6	100.0		
鹤形目	1	4			2	50.0	2	50.0
鸻形目	3	8			1	12.5	7	87.5
鸡形目	1	8	1	12.5	6	75.0	1	12.5
鲣鸟目	1	1	1	100.0				
鹃形目	1	8			8	100.0		
䴙䴘目	1	1	1	100.0				
雀形目	37	150	3	2.0	88	58.7	59	39.3
隼形目	1	4			2	50.0	2	50.0
鹈形目	1	10	1	10.0	8	80.0	1	10.0
鸮形目	2	10			9	90.0	1	10.0
雁形目	1	6					6	100.0
咬鹃目	1	1			1	100.0		
夜鹰目	2	3			3	100.0		
鹰形目	1	14			9	64.3	5	35.7
啄木鸟目	2	7			6	85.7	1	14.3

图 1　保护区鸟类主要目所含种数

其中，领雀嘴鹎、白头鹎、栗背短脚鹎、黑短脚鹎、灰树鹊、华南斑胸钩嘴鹛、棕颈钩嘴鹛、画眉、灰眶雀鹛、棕头鸦雀、棕脸鹟莺、大山雀等为保护区的数量优势种。红头长尾山雀、家燕、金腰燕、白鹡鸰、白腹凤鹛、黄颊山雀、白腰文鸟、暗绿绣眼鸟、烟腹

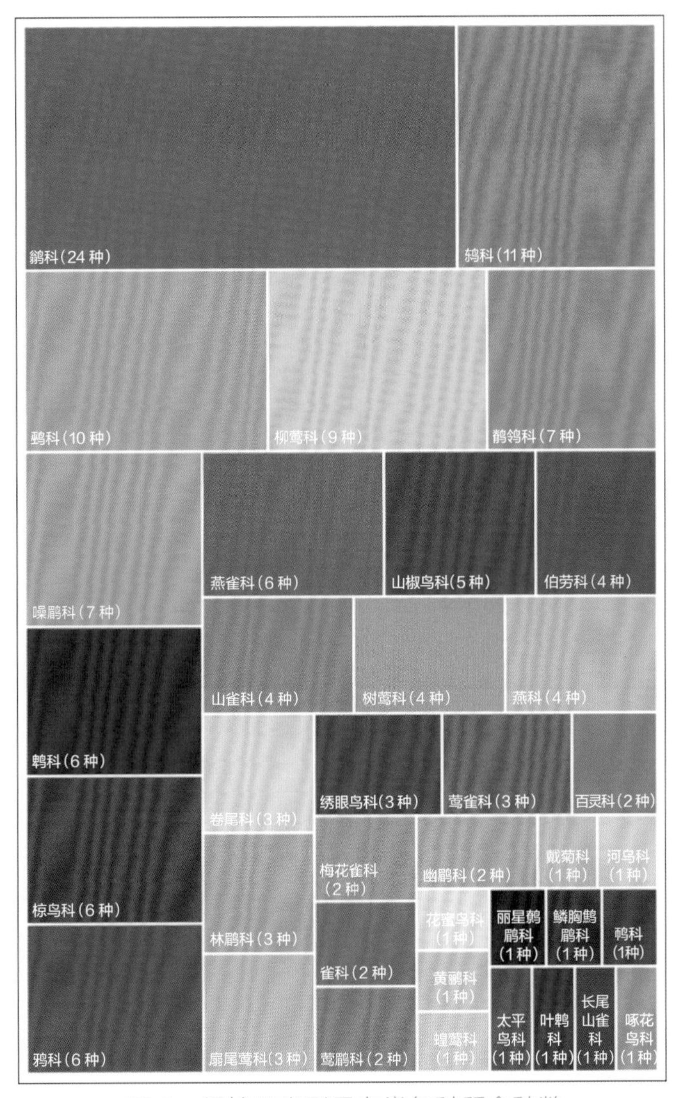

图 2　保护区雀形目鸟类各科所含种数

毛脚燕、灰胸竹鸡、白鹇、灰喉山椒鸟、领雀嘴鹎、白头鹎、绿翅短脚鹎、栗背短脚鹎、黑短脚鹎、松鸦、红嘴蓝鹊、灰树鹊、棕颈钩嘴鹛、画眉、灰眶雀鹛、栗耳凤鹛、棕头鸦雀、棕脸鹟莺、大山雀等为保护区的常见种。

从地理区系来看，保护区鸟类表现为古北界种与东洋界种混杂分布，但以东洋界种占优势（见表 1）。保护区鸟类以东洋界种最多，有 156 种，占保护区鸟类总种数的 62.9%；古北界种次之，有 85 种，占 34.3%；广布种最少，仅 7 种，占 2.8%。

二　居留型分析

据居留型分析（见图 3），保护区 248 种鸟类中，留鸟 133 种，占保护区鸟类总种数的 53.6%；冬候鸟 51 种，占 20.6%；夏候鸟 39 种，占 15.7%；旅鸟最少，25 种，占 10.1%。

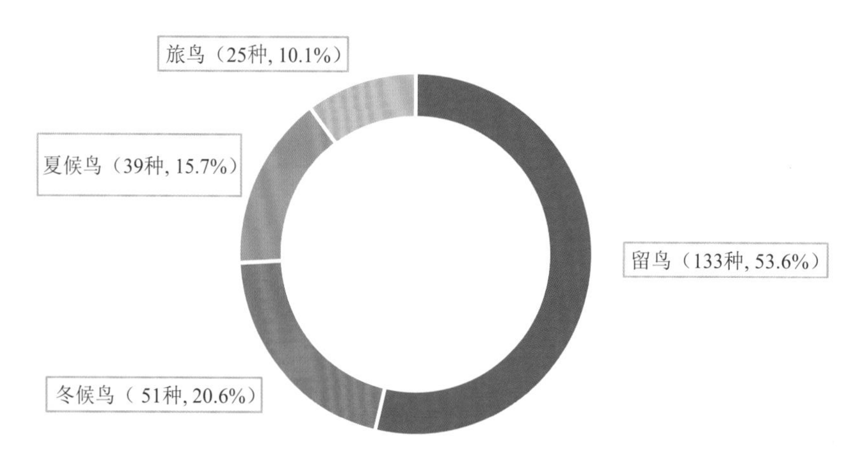

图3　保护区鸟类居留型组成

三　珍稀濒危和中国特有鸟类

（一）珍稀濒危鸟类

珍稀濒危鸟类包括《国家重点保护野生动物名录（2021）》《浙江省重点保护陆生野生动物名录》中的重点保护野生动物，以及《中国生物多样性红色名录——脊椎动物卷》（简称《中国生物多样性红色名录》）、《世界自然保护联盟濒危物种红色名录》（2020，简称《IUCN 红色名录》）所列的受威胁程度近危（NT）及以上的动物。

保护区有国家重点保护鸟类 49 种，占保护区鸟类总种数的 19.8%。其中，国家一级重点保护鸟类 4 种，是黄腹角雉、白颈长尾雉、黄嘴白鹭、金雕；国家二级重点保护鸟类 45 种，有栗头鳽、黑冠鹃隼、红隼、蛇雕、林雕、凤头鹰、日本鹰鸮、棕噪鹛、画眉等。此外，保护区有浙江省重点保护鸟类 25 种，占保护区内鸟类总种数的 10.1%（见表 2、表 3）。

根据《中国生物多样性红色名录》，保护区有濒危（EN）鸟类 1 目 1 科 1 种，易危（VU）鸟类 4 目 4 科 7 种，近危（NT）鸟类 8 目 13 科 21 种（见表 3、表 4）。

根据《IUCN 红色名录》，保护区有易危（VU）鸟类 3 目 5 科 6 种，近危（NT）鸟类 2 目 2 科 4 种（见表 3、表 4）。

表 2　保护区重点保护鸟类

类别	目		科		种	
	目数	占比 /%	科数	占比 /%	种数	占比 /%
国家一级	3	15.8	3	11.1	4	5.4
国家二级	11	57.9	15	55.6	45	60.8
省重点	5	26.3	9	33.3	25	33.8
合计	19	100.0	27	100.0	74	100.0

表 3 保护区珍稀濒危及中国特有鸟类

中文名	拉丁名	保护等级	《中国生物多样性红色名录》	《IUCN 红色名录》	中国特有
鹌鹑	*Coturnix japonica*		LC	NT	
白眉山鹧鸪	*Arborophila gingica*	Ⅱ	VU	NT	√
灰胸竹鸡	*Bambusicola thoracica*		LC	LC	√
黄腹角雉	*Tragopan caboti*	Ⅰ	EN	VU	√
勺鸡	*Pucrasia macrolopha*	Ⅱ	LC	LC	
白鹇	*Lophura nycthemera*	Ⅱ	LC	LC	
白颈长尾雉	*Syrmaticus ellioti*	Ⅰ	VU	NT	√
豆雁	*Anser fabalis*	S	LC	LC	
白额雁	*Anser albifrons*	Ⅱ	LC	LC	
鸳鸯	*Aix galericulata*	Ⅱ	NT	LC	
绿翅鸭	*Anas crecca*	S	LC	LC	
绿头鸭	*Anas platyrhynchos*	S	LC	LC	
斑嘴鸭	*Anas zonorhyncha*	S	LC	LC	
红翅绿鸠	*Treron sieboldii*	Ⅱ	LC	LC	
斑尾鹃鸠	*Macropygia unchall*	Ⅱ	NT	LC	
红翅凤头鹃	*Clamator coromandus*	S	LC	LC	
大鹰鹃	*Hierococcyx sparverioides*	S	LC	LC	
四声杜鹃	*Cuculus micropterus*	S	LC	LC	
中杜鹃	*Cuculus saturatus*	S	LC	LC	
小杜鹃	*Cuculus poliocephalus*	S	LC	LC	
大杜鹃	*Cuculus canorus*	S	LC	LC	
噪鹃	*Eudynamys scolopaceus*	S	LC	LC	
小鸦鹃	*Centropus bengalensis*	Ⅱ	LC	LC	
长嘴剑鸻	*Charadrius placidus*		NT	LC	
黄嘴白鹭	*Egretta eulophotes*	Ⅰ	VU	VU	
栗头鳽	*Gorsachius goisagi*	Ⅱ	DD	VU	
黑冠鹃隼	*Aviceda leuphotes*	Ⅱ	LC	LC	
凤头蜂鹰	*Pernis ptilorhynchus*	Ⅱ	NT	LC	
黑鸢	*Milvus migrans*	Ⅱ	LC	LC	
蛇雕	*Spilornis cheela*	Ⅱ	NT	LC	
凤头鹰	*Accipiter trivirgatus*	Ⅱ	NT	LC	
赤腹鹰	*Accipiter soloensis*	Ⅱ	LC	LC	
松雀鹰	*Accipiter virgatus*	Ⅱ	LC	LC	
雀鹰	*Accipiter nisus*	Ⅱ	LC	LC	
苍鹰	*Accipiter gentilis*	Ⅱ	NT	LC	
普通鵟	*Buteo japonicus*	Ⅱ	LC	LC	

续表

中文名	拉丁名	保护等级	《中国生物多样性红色名录》	《IUCN 红色名录》	中国特有
林雕	*Ictinaetus malaiensis*	Ⅱ	VU	LC	
金雕	*Aquila chrysaetos*	Ⅰ	VU	LC	
白腹隼雕	*Aquila fasciata*	Ⅱ	VU	LC	
鹰雕	*Nisaetus nipalensis*	Ⅱ	NT	LC	
领角鸮	*Otus lettia*	Ⅱ	LC	LC	
红角鸮	*Otus sunia*	Ⅱ	LC	LC	
黄嘴角鸮	*Otus spilocephalus*	Ⅱ	NT	LC	
雕鸮	*Bubo bubo*	Ⅱ	NT	LC	
褐林鸮	*Strix leptogrammica*	Ⅱ	NT	LC	
领鸺鹠	*Glaucidium brodiei*	Ⅱ	LC	LC	
斑头鸺鹠	*Glaucidium cuculoides*	Ⅱ	LC	LC	
日本鹰鸮	*Ninox japonica*	Ⅱ	DD	LC	
短耳鸮	*Asio flammeus*	Ⅱ	NT	LC	
草鸮	*Tyto longimembris*	Ⅱ	DD	LC	
红头咬鹃	*Harpactes erythrocephalus*	Ⅱ	NT	LC	
蓝喉蜂虎	*Merops viridis*	Ⅱ	LC	LC	
三宝鸟	*Eurystomus orientalis*	S	LC	LC	
白胸翡翠	*Halcyon smyrnensis*	Ⅱ	LC	LC	
蚁䴕	*Jynx torquilla*	S	LC	LC	
斑姬啄木鸟	*Picumnus innominatus*	S	LC	LC	
大斑啄木鸟	*Dendrocopos major*	S	LC	LC	
灰头绿啄木鸟	*Picus canus*	S	LC	LC	
黄嘴栗啄木鸟	*Blythipicus pyrrhotis*	S	LC	LC	
红隼	*Falco tinnunculus*	Ⅱ	LC	LC	
灰背隼	*Falco columbarius*	Ⅱ	NT	LC	
燕隼	*Falco subbuteo*	Ⅱ	LC	LC	
游隼	*Falco peregrinus*	Ⅱ	NT	LC	
黑枕黄鹂	*Oriolus chinensis*	S	LC	LC	
淡绿鵙鹛	*Pteruthius xanthochlorus*		NT	LC	
虎纹伯劳	*Lanius tigrinus*	S	LC	LC	
牛头伯劳	*Lanius bucephalus*	S	LC	LC	
红尾伯劳	*Lanius cristatus*	S	LC	LC	
棕背伯劳	*Lanius schach*	S	LC	LC	
白颈鸦	*Corvus pectoralis*		NT	VU	
黄腹山雀	*Pardaliparus venustulus*		LC	LC	√
云雀	*Alauda arvensis*	Ⅱ	LC	LC	
华南斑胸钩嘴鹛	*Erythrogenys swinhoei*		LC	LC	√

续表

中文名	拉丁名	保护等级	《中国生物多样性红色名录》	《IUCN 红色名录》	中国特有
棕噪鹛	*Garrulax poecilorhynchus*	Ⅱ	LC	LC	√
画眉	*Garrulax canorus*	Ⅱ	NT	LC	
红嘴相思鸟	*Leiothrix lutea*	Ⅱ	LC	LC	
普通䴓	*Sitta europaea*	S	LC	LC	
乌鸫	*Turdus mandarinus*		LC	LC	√
宝兴歌鸫	*Turdus mupinensis*		LC	LC	√
红喉歌鸲	*Calliope calliope*	Ⅱ	LC	LC	
白喉林鹟	*Cyornis brunneatus*	Ⅱ	VU	VU	
小太平鸟	*Bombycilla japonica*		LC	NT	
丽星鹩鹛	*Elachura formosa*		NT	LC	
红胸啄花鸟	*Dicaeum ignipectus*	S	LC	LC	
叉尾太阳鸟	*Aethopyga christinae*	S	LC	LC	
黑头蜡嘴雀	*Eophona personata*		NT	LC	
白眉鹀	*Emberiza tristrami*		NT	LC	
田鹀	*Emberiza rustica*		LC	VU	

注：Ⅰ－国家一级重点保护野生动物，Ⅱ－国家二级重点保护野生动物，S－浙江省重点保护野生动物；EN－濒危，VU－易危，NT－近危。

表 4 保护区受威胁程度鸟类

类别		目		科		种	
		目数	占比 /%	科数	占比 /%	种数	占比 /%
濒危（EN）	《中国生物多样性红色名录》	1	7.7	1	5.6	1	3.4
	《IUCN 红色名录》	0	0.0	0	0.0	0.0	0.0
易危（VU）	《中国生物多样性红色名录》	4	30.8	4	22.2	7	24.1
	《IUCN 红色名录》	3	60.0	5	71.4	6	60.0
近危（NT）	《中国生物多样性红色名录》	8	61.5	13	72.2	21	72.4
	《IUCN 红色名录》	2	40.0	2	28.6	4	40.0
合计	《中国生物多样性红色名录》	13	100.0	18	100.0	29	100.0
	《IUCN 红色名录》	5	100.0	7	100.0	10	100.0

（二）中国特有鸟类

保护区有中国特有鸟类 9 种，占中国特有鸟类 93 种［根据《中国鸟类分类与分布名录（第三版）》（郑光美主编，科学出版社 2017 年出版）］的 9.7%。它们是黄腹角雉、白颈长尾雉、灰胸竹鸡、棕噪鹛、华南斑胸钩嘴鹛、乌鸫、宝兴歌鸫、白眉山鹧鸪、黄腹山雀。其中，除宝兴歌鸫为旅鸟外，其余皆为当地留鸟。详见表 3。

第三节　常用鸟类术语

一　种类信息

拉丁名：以拉丁文的字词构成，为国际通行的学术名称。

目、科、属：分类学术语。分类级别上，目 > 科 > 属。

种：生物分类的基本单位。

特有种：由于历史、生态或生理因素等，分布仅局限于某一特定区域，而未在其他区域出现的物种。

亚种：同一物种受不同生活环境的影响，在形态结构或生理功能上产生差异的种群。不同的亚种间仍可繁育后代。

二　居留型

居留型指相对于某一地区而言，鸟类在该地区居留的季节性，一般分为留鸟、冬候鸟、夏候鸟、旅鸟、迷鸟。

留鸟：终年栖息于一个地方，不随季节变换而迁徙，但有时有短距离游荡的鸟。

冬候鸟：在该地区仅在冬季居留的候鸟。

夏候鸟：在该地区在春夏季居留并繁殖的候鸟。

旅鸟：在候鸟迁徙途中，在某一地区经过或短暂停留的鸟。

迷鸟：因受气候等非人为因素影响，意外迷失方向来到某一地区的鸟。

三　发育阶段

雏鸟：孵出后至羽毛长成时的鸟。

幼鸟：稚羽已换成正常体羽，羽翼初丰且可飞行的鸟。

亚成鸟：已经与成鸟同样大，但未达到性成熟的鸟。

早成鸟：雏鸟出壳后全身覆盖绒羽，眼睁开，有视、听觉和避敌反应，有一定的维持恒温能力，能站立和行走，并随亲鸟自行取食的鸟，又称离巢鸟。

晚成鸟：雏鸟出壳后体裸无羽或仅有稀疏羽毛，眼未睁，仅有最简单的求食反应，不能站立，要亲鸟保温送食一段时间后才能离巢的鸟，又称留巢鸟。

成鸟：已达成鸟羽色，具有繁殖能力的鸟。

四　体羽

繁殖羽：即夏羽，是成鸟在繁殖期为了求偶而生长的亮丽羽色。

非繁殖羽：即冬羽，是成鸟繁殖期后换成的色彩不显眼的较暗羽色。

饰羽：即鸟类主要用于求偶时炫耀的羽毛，有的终身保留，有的短时间保留。

冠羽：鸟的头部突出的羽毛，有些鸟的冠羽特别长，有些鸟的比较短，不竖起来难以分辨。

耳羽：鸟的眼后耳孔上方区域的羽毛。

飞羽：在鸟的前肢骨上着生的 1 列大而强硬的大型羽毛。依其着生部位不同，由外向内依次可分为初级飞羽、次级飞羽、三级飞羽。

初级飞羽：着生在鸟的掌骨和指骨上，通常为 9 或 10 枚，是翅上最发达的正羽（即由羽轴和羽片组成）。

次级飞羽：在初级飞羽内侧，着生在鸟的尺骨上，较初级飞羽短且数目多。

三级飞羽：着生在鸟的尺骨上，实为最内侧的次级飞羽，而羽色和形状常与次级飞羽不同。

覆羽：即覆盖于飞羽基部的小型羽毛。其在翅的上下均有分布，翅上面的叫上覆羽，下面的叫下覆羽。

初级覆羽：覆盖于初级飞羽基部的覆羽。

次级覆羽：覆盖于次级飞羽基部的覆羽。明显分成三层，即大覆羽、中覆羽和小覆羽。

五 生态类型

按照鸟类的生态习性和形态特点，将鸟类大致分为攀禽、陆禽、猛禽、涉禽、游禽和鸣禽六大类。

攀禽：脚短而强健，为对趾足、异趾足或并趾足，适于在树上攀爬。如大斑啄木鸟、普通夜鹰等。

陆禽：嘴一般较短，脚短而强健，3 趾在前，1 趾向后，后趾可与前趾对握，适于在树上栖息，一般不善飞行。如环颈雉、山斑鸠等。

猛禽：嘴强大、呈钩状，翼大善飞，脚强而有力，趾有锐利钩爪，性情凶猛，捕食其他鸟类、鼠、兔、蛇，以及食动物腐尸等。主要包括隼形目和鹗形目的鸟，如红隼、草鸮等。

涉禽：喙细长而直，颈、脚和趾都长，适于在滩边、沼泽及浅水中涉行，休息时常一只脚站立，大部分从水底、污泥或地面获取食物。如白鹤、白鹭、青脚鹬等。

游禽：喜欢在水上生活，脚向后伸，趾间有蹼，有扁阔的或尖的嘴，善于游泳、潜水和在水中摄取食物，大多数不善于在陆地上行走，但飞行速度快。如豆雁、绿翅鸭、小天鹅等。

鸣禽：善于鸣叫，由鸣管控制发音，大多数属小型鸟类，嘴小而强，脚较短而强，多数种类营树栖生活，少数种类为地栖生活。如小云雀、大山雀等。

六 形态特征

冠：即鸡形目的鸟头上生长的没有羽毛的皮肤，雄性的冠通常大于雌性的。

冠纹：鸟头顶中央的纵纹。

额：与上喙基部相连的头的最前部。

过眼纹：又称贯眼纹。自眼先穿过眼，延伸至眼后的纵纹。

颏：喙基部腹面所连接的一小块羽区。

蹼：两趾间粘连的一层皮肤，有助于游泳。

跗跖：是鸟类腿最明显的部分，长短各不同，由3块跖骨和一部分跗骨愈合而成。

趾：鸟类以趾着地，通常为4趾（第5趾退化），3前1后，向前的3个趾依其所在的内、中、外的位置分别称为内趾（第2趾）、中趾（第3趾）、外趾（第4趾）。

七　生活习性

迁徙：即有规律的地理上的迁移，是遵循自然环境的一种生存本能。

夜行性：多在夜间活动。

繁殖期：2只鸟配对、筑巢、产卵、孵化并照料雏鸟到其能独立生活的时间段。

八　鸟类身体部位示意图

鸟类身体部位见图4。

图4　鸟类身体部位示意

各论（上）

GE LUN

1 鹌鹑 日本鹌鹑

Coturnix japonica Temminck & Schlegel, 1848

目 鸡形目 GALLIFORMES
科 雉科 Phasianidae

英文名 Japanese Quail

形态特征 小型滚圆的灰褐色鸡类，体长 14~20cm。雌、雄近似。雄鸟夏羽脸至喉为醒目的红褐色，白眉线长而明显，有白色细中央线。上体深褐色，带有褐色、黑色横纹及皮黄色轴斑。胸及胁红褐色，带有黑斑及白色粗纵纹；腹至尾下覆羽皮黄色。雄鸟冬羽颊及喉部转白色，喉部有红褐色喉带。雌鸟似雄鸟冬羽，但颈侧有较多黑色，呈明显黑褐色粗纵斑，喉部无红褐色喉带。飞行时，体背可见白色纵纹。虹膜红褐色，嘴铅灰色，脚肉色。

栖息环境 栖息于干旱平原草地、低山丘陵、山脚平原、溪流岸边和疏林空地，常在干燥平原或低山山脚地带的沼泽、溪流、湖泊岸边的草地与灌丛地带活动，有时也出现在耕地和地边树丛、灌丛中。

生活习性 除繁殖期常成对活动外，常成 3~5 只的小群。行动隐蔽，善于在草丛中潜行。一般很少起飞，常常当人走至跟前时才突然从脚下冲出，且飞不远。飞行时两翅扇动较快，常紧贴地面低空飞行。夜晚栖息于树枝上。杂食性，以植物性食物为主，如植物幼芽、嫩叶，杂草种子及少量作物，有时也捕食昆虫。

地理分布 保护区记录于小燕。浙江省内见于嘉兴、杭州、绍兴、宁波、舟山、金华、衢州、温州。国内除新疆、西藏外，广布各省份。

繁殖 繁殖期 5—7 月。雌、雄鸟不形成固定的配偶关系，而是一雄多雌。雄鸟通常到达繁殖地不久就占区和求偶鸣叫，在繁殖期十分好斗。营巢于平原草地、农田地边或荒坡草丛、灌丛中。巢多利用地面凹处的浅坑，内垫干枯的细草茎、草根、草叶和羽毛等。每窝产卵 7~15 枚。卵呈白色或橄榄褐色，散布褐色或锈色斑点，大小为（25~33mm）×（19~25mm），重 5.6~7.0g。雌鸟孵卵，孵卵期间雌鸟甚为念巢，孵化期 15~17 天。

居留型 冬候鸟（W）。浙江省 11 月至翌年 4 月可见。

保护与濒危等级 《中国生物多样性红色名录》无危（LC）；《IUCN 红色名录》近危（NT）。

保护区相关记录 首次记录为张雁云（2017）。

2 白眉山鹧鸪 白额山鹧鸪

Arborophila gingica (Gmelin, JF, 1789)

目 鸡形目 GALLIFORMES
科 雉科 Phasianidae

英文名 White-necklaced Partridge

形态特征 中型灰褐色雉类，体长约 30cm。雌、雄相似。雄鸟额和头的前侧白色，向后扩展成 1 条白色且具黑点的眉纹，延伸至后颈；头顶、颈栗褐色，后颈有黑斑，其下部近乎黑色；各羽两翈具鲜黄和白色斑；头侧锈红色，带有黑斑；耳羽暗栗褐色；自背至尾橄榄褐色，腰和尾上覆羽各羽近末端处有 1 个椭圆形黑斑，外侧尾羽的内翈亦杂以大、小黑斑；内侧肩羽与背同色；外侧肩羽和三级飞羽栗色，布有大形橄榄灰和黑色斑；翅上覆羽褐色，羽缘淡栗色，羽端橄榄灰色；飞羽暗褐色，次级飞羽外翈缘淡栗色至近黄色。颏、喉淡锈红色，下喉具宽阔的黑色横带，下为白色及深栗色横带，形成特别显著的三色半月形项领；胸及两胁铁灰色，两胁羽缘具栗斑；腹灰白色；尾下覆羽黑色，羽端白色或白色沾棕色。雌鸟体色与雄鸟相似，但后颈基部近乎橙栗色；整个尾部橄榄褐色，有很不明显的波状纹；尾下覆羽栗色与白色，羽基稍黑。虹膜暗褐色；嘴黑色；脚鲜红色，爪粉红褐色。

栖息环境 栖息于海拔 800~1400m 的阔叶林及灌丛杂草山地，尤以溪边潮湿、阴郁的树林中较多。

生活习性 常成对活动，冬季集成小群。白天常在林下茂密的灌丛中活动，行动隐蔽，不易被发现。晚上栖息于树上。受惊后飞行疾速，但飞行距离不长。鸣声“hu-u-u”。主要以橡子、浆果等植物果实和种子为食，也吃昆虫和其他小型无脊椎动物。

地理分布 保护区记录于黄桥、双坑口、石鼓背等地。浙江省内见于衢州、温州、丽水。中国特有种，分布于浙江、湖南南部、江西南部、福建、广东北部、广西东部。

繁殖 繁殖期 4—5 月。营巢于林下落叶层低洼处，在地面草丛中以干草编成皿状巢。每窝产卵 5~7 枚。卵呈梨形，白色和淡褐色。

居留型 留鸟（R）。

保护与濒危等级 国家二级重点保护野生动物；《中国生物多样性红色名录》易危（VU）；《IUCN 红色名录》近危（NT）。

保护区相关记录 首次记录为第一次综合科考（1984）。翁少平（2014）、张雁云（2017）也有记录。

3 灰胸竹鸡 普通竹鸡、竹鹧鸡

Bambusicola thoracicus (Temminck, 1815)

目 鸡形目 GALLIFORMES
科 雉科 Phasianidae

英文名 Chinese Bamboo Partridge

形态特征 中型红棕色雉类，体长 22~37cm。雌、雄相似。雄鸟额与眉纹灰色，有时额不为灰色而与头顶同色；眉纹粗著而长，向后一直延伸至上背；头顶和后颈橄榄褐色，具不甚明显的暗褐色纹。上背灰褐色，具不甚清晰的暗褐色虫蠹状斑和栗红色块斑；颊、耳羽及颈侧栗棕色；肩和下背橄榄褐色，密布黑色虫蠹状斑，并具有栗红色块斑和白色斑点。腰、尾上覆羽，翅上大覆羽、中覆羽、三级飞羽橄榄褐色，密布黑色虫蠹状斑；腰和尾上覆羽末端中部缀 1 块细的黑褐色点斑，有的点斑前部为淡栗色，后部为黑色；三级飞羽和大、中覆羽端部缀有棕黄色与栗色斑；大覆羽并具棕色端斑；初级飞羽、初级覆羽和次级飞羽暗褐色；初级飞羽外翈基部棕色，杂有黑色斑点；次级飞羽末端和外翈边缘淡棕色，具橄榄褐色斑点；中央尾羽红棕色，密杂以黑褐色和淡褐色虫蠹状横斑，外侧尾羽几纯红棕色。头、颈两侧，以及颏、喉栗红色，前胸蓝灰色，向上伸至两肩和上背，形成环状，环后紧缘以栗红色，后胸、腹和尾下覆羽棕黄色。两胁缀有黑褐色点斑或横斑。雌鸟与雄鸟相似，但稍小，且跗跖无距。虹膜深棕色或淡褐色；嘴黑色；跗跖和趾绿色或黄褐色。

栖息环境 栖息于海拔 1600m 以下的低山丘陵和山脚平原地带的竹林、灌丛、草丛中，也出现于山边耕地和村庄附近。

生活习性 常成群活动，由数只至 20 多只组成，冬季结群较大，在繁殖期则分散活动。

每群的活动区域、取食地和栖息地比较固定，领域性较强。晚上栖息于竹林中或树上，常成群在一起栖息，头朝向同一方向。多数时候在地面草丛中活动，常成行在草丛中穿行，并发出“sha，sha”的声响。受惊时则藏匿于草丛中不动，一般很少起飞，当人迫近时才突然飞起，群体分散飞向各方，飞行迅速，两翅扇动较快，通常紧贴地面飞行，飞不多远又落入草丛。有短距离的垂直迁徙现象，夏季常上到山腰或山顶，冬季则下到山麓平原。杂食性，以草籽、嫩芽、叶、果实、谷粒等为主，亦食各种昆虫。

地理分布 保护区记录于黄连山、上岱、上芳香、翁溪、金竹坑等地。浙江省内见于湖州、嘉兴、杭州、绍兴、宁波、台州、金华、衢州、温州、丽水。中国特有种，分布于浙江、河南南部、陕西南部、甘肃南部、云南东北部、四川、重庆、贵州、湖北、湖南、安徽、江西、江苏、上海、福建、广东、广西。

繁殖 繁殖期4—7月。通常3月末群即开始分散，雌、雄鸟开始发出求偶叫声。营巢于灌丛、草丛、树下或竹林地面凹处，有时也在树根附近的裸露地方营巢。巢多为地面天然凹坑，或由亲鸟刨挖而成，内垫以枯草和枯叶。每窝产卵5~12枚。卵淡黄色、土黄色或淡褐色，被褐黄色、棕色或淡灰色斑，呈椭圆形，大小为（30~34mm）×（25~27mm），重12~13g。孵化期17~18天。雏鸟早成性，孵出后不久即能活动，几天后就能飞行。

居留型 留鸟（R）。

保护与濒危等级 《中国生物多样性红色名录》无危（LC）;《IUCN红色名录》无危（LC）。

保护区相关记录 首次记录为第一次综合科考（1984）。翁少平（2014）、张雁云（2017）也有记录。

4 黄腹角雉 角鸡、吐绶鸟、寿鸡

Tragopan caboti (Gould, 1857)

目 鸡形目 GALLIFORMES
科 雉科 Phasianidae

英文名 Cabot's Tragopan

形态特征 大型雉类，体长 61~70cm。雄性成鸟春羽额和头顶均黑色；头上羽冠前黑色，后转为深橙红色，羽冠两侧也为同色；后颈黑色，此色经耳后向下延伸至肉裾的周围；颈的两侧亦深橙红色，向下几乎伸到胸的中部。上体包括两翅的表面均黑色，羽基具白色横斑，羽端具明显的皮黄色卵圆斑，各羽两侧更杂以栗红色三角形斑，整体看像是栗红色，而满布以具有黑缘的皮黄色卵圆斑，特别华丽；尾上覆羽的皮黄色斑更大，占着尾羽的大部；飞羽暗褐色，杂以黄斑，尤其在外翈上；尾羽黑褐色，密杂以黄斑，并具宽阔的黑端。下体几乎纯皮黄色，仅两胁及覆腿羽稍杂以与上体近似的羽色。雌鸟上体棕褐色，且满杂以黑色和棕白色矢状斑；头顶黑色较多；尾上黑色呈横斑状；下体较背淡皮黄色，胸多具黑色粗斑，腹部杂以明显的大形白斑，肛周羽和尾下覆羽灰白色。虹膜褐色；嘴角色；脚粉红色或肉色，雄鸟具 1 枚短距。雌鸟无距，亦不具肉裾，肉质角亦不发达。

栖息环境 栖息于海拔 600~1600m 的山地常绿阔叶林和针阔叶混交林中，喜欢栖息在以壳斗科、樟科、山茶科、冬青科、山矾科、蔷薇科、杜鹃花科和黄山松为建群树种，林下植被较发达的常绿阔叶林和针阔叶混交林中。

生活习性 性好隐蔽，善于奔走，常在茂密的林下灌丛和草丛中活动，一般不起飞。常成 5~9 只的小群活动。主要在地面活动和取食，白天常以松散形式在地面觅食，晚上则在

树上栖息，雨雪天亦栖息于树上或在树上取食。主要以植物的茎、叶、花、果实和种子为食，也吃少量昆虫（如白蚁和毛虫）等动物性食物，尤其是在繁殖期。交让木的果实及叶片是黄腹角雉秋冬季的嗜食对象，因而交让木也成为秋冬季黄腹角雉的主要栖息场所。

地理分布 保护区记录于上芳香、黄连山、白云尖、小燕等地。浙江省内见于衢州、温州、丽水。国内分布于浙江、江西东北部、福建。

繁殖 繁殖期3—5月。多数在3—4月开始发情，发情时雄鸟喉下的肉裙膨胀下垂，显现鲜艳的朱红色，翠蓝色的条纹纵横交错，远看好像繁体“寿”字，故又称“寿鸡”。通常营巢于海拔1000~1500m的常绿阔叶林或针阔叶混交林中接近山脊的阴坡或半阴坡处，在粗大树干的凹窝处或水平枝杈基部以松针、枯叶、苔藓等编成简陋的皿状巢，距地高3~9m。巢的大小为（15.5~19.0cm）×（17.3~28.0cm），深6~11cm。每年产1窝，每窝产卵3~4枚，偶尔6枚，有时1年仅产1枚。卵比鸡蛋稍大，土棕色或土黄色，密被细密的褐色或红褐色斑点。雏鸟早成性，出壳后当天就能扇动双翅，第3天即能跟随雌鸟下树活动和觅食。幼鸟生长发育较为缓慢，2年后才能发育为成鸟。

居留型 留鸟（R）。

保护与濒危等级 国家一级重点保护野生动物；《中国生物多样性红色名录》濒危（EN）；《IUCN红色名录》易危（VU）。

保护区相关记录 首次记录为第一次综合科考（1984）。翁少平（2014）、张雁云（2017）也有记录。

5 勺鸡 柳叶鸡、刀鸡

Pucrasia macrolopha (Lesson, R, 1829)

目 鸡形目 GALLIFORMES
科 雉科 Phasianidae

英文名 Koklass Pheasant

形态特征 中型雉类，体长 39~63cm。雄鸟头顶棕褐色，冠羽细长，同色而较棕，再后有更长的黑色且具辉绿色羽缘的枕冠向后延伸；颈侧在耳羽后面下方有 1 块大形的白色块斑（约 20mm × 30mm）；下眼睑具 1 块小白斑；头的余部包括颏、喉等均为黑色，带暗绿色的金属反光；喉部反光较弱；颈侧白斑后面及背的极上部均淡棕黄色，形成领环状，羽片中央贯以乳白色纵纹。上体羽毛呈披针形，概紫灰色，内、外翈各具 1 个黑色沾栗色的稍阔纵条，两者合成 V 形，且两者之间具 1 对虫蠹状黑斑所成的纵条，沿着白色羽干的两侧；尾上覆羽及中央尾羽中部为褐灰色，其外为 V 形栗色纵带，栗带的内、外两侧并缘以黑色，羽缘灰色：外侧尾羽灰色，具 3 道黑色横斑，近端黑斑较宽，其余 2 道黑斑较窄，并在羽缘处前后相连，各羽末端均为白色；肩羽大都棕褐色，贯以白色或皮黄色羽干纹，并于羽端近处杂以绒黑色块斑；翅上覆羽黑褐色，且具灰色并杂以黑褐色细点的轴纹及纯灰羽缘，羽干白色；初级飞羽黑褐色，并具棕白色羽端，第 2~6 枚的外翈还缘以棕白色宽边；次级飞羽黑褐色，杂以棕褐色虫蠹状细斑，并具同色的羽缘和羽端。下体中央自黑喉以至下腹概染栗色；下腹羽基黑褐色，端部浅栗棕色；体侧与上体相似，但灰色较浅淡，黑纹较窄；尾下覆羽暗栗色，具黑色次端斑和白色端斑。雌鸟体羽主要为棕褐色，头顶也带有羽冠，但比雄鸟更短，下体为淡栗黄色，羽干纹白色。虹膜褐色；嘴黑色；脚暗红色。

栖息环境 栖息于针阔叶混交林、密生灌丛的多岩坡地、灌丛、开阔的多岩林地、松林及杜鹃林下。栖息高度随季节变化而上下迁移。喜欢在低洼的山坡和山脚的沟缘灌木丛中活动。

生活习性 单独或成对活动，性情机警，很少结群，夜晚也成对在树枝上过夜。雄鸟在清晨和傍晚时喜欢鸣叫，沙哑的嗓音就像公鸭一样，响亮、震耳的粗犷叫声“khwa-kha-kaak”或“kok-kok-kok…ko-kras”远处可辨。秋冬季则结成家族小群。遇警情时深伏不动，不易被赶。雄鸟炫耀时耳羽束竖起。常在地面以树叶、杂草筑巢。杂食性，以植物根、果实及种子为主食，也吃少量昆虫、蜗牛等动物性食物。

地理分布 保护区记录于碑排、上岱、乌岩尖、上芳香、道均垟等地。浙江省内见于湖州、嘉兴、杭州、绍兴、宁波、台州、金华、衢州、温州、丽水。国内分布于浙江、四川东部、重庆、贵州、湖北、湖南、安徽南部、江西、福建西北部、广东北部。

繁殖 繁殖期4—7月。在地面以树叶、杂草筑巢，巢置于灌丛间的地面上，呈碗状。每窝产卵5~7枚。卵白色或乳黄色，带不规则浅红色或茶褐色的粗斑点，平均大小为49.0mm×35.8mm，平均重33.6g。孵卵以雌鸟为主，孵化期26~27天，雏鸟出壳后能独立活动。

居留型 留鸟（R）。

保护与濒危等级 国家二级重点保护野生动物；《中国生物多样性红色名录》无危（LC）；《IUCN红色名录》无危（LC）。

保护区相关记录 首次记录为第一次综合科考（1984）。翁少平（2014）、张雁云（2017）也有记录。

6 白鹇 银鸡、银雉、白雉

Lophura nycthemera (Linnaeus, 1758)

目 鸡形目 GALLIFORMES

科 雉科 Phasianidae

英文名 Silver Pheasant

形态特征 大型雉类，雄鸟全长约 100cm，雌鸟约 60cm。雄鸟额、头顶和羽冠为蓝黑色，耳羽灰白色；脸的裸出部分赤红色。上体与两翼均为白色，布满整齐的 V 形黑纹；初级飞羽的外缘黑纹较浅，略带棕褐色，羽干棕褐色；次级飞羽的羽干黑白相间；翅上覆羽的羽干白色。尾甚长；尾羽白色，仅外翈基部到中部带有波状黑纹；外侧尾羽两侧均带有黑纹。颏、喉、胸、腹、尾下覆羽等均为蓝黑色。颏、喉和下腹部近黑褐色。雌鸟通体棕褐色，枕冠先端为黑褐色；初级飞羽棕褐色，内翈暗褐色，次级飞羽外翈密布黑点。中央尾羽与背同色，次 1 对呈淡棕褐色，带有波状黑斑；外侧 6 对为黑褐色，带白色波状斑。颏和喉橄榄棕色，腹部略带虫蠹状黑纹，尾下覆羽黑褐色带有淡棕色白斑。雄鸟虹膜橙黄色，雌鸟虹膜红褐色；嘴淡黄色；脚红色。

栖息环境 主要栖息于海拔 1600m 以下的亚热带常绿阔叶林中，尤以树木茂密、林下植物稀疏的常绿阔叶林和沟谷阔叶林较为常见，亦出现于针阔叶混交林和竹林中。

生活习性 成对或成 3~6 只的小群活动，冬季有时集群个体 16~17 只。群体由 1 只强壮的雄鸟和若干雌鸟、雄鸟、幼鸟组成，群体内有严格的等级关系。黄昏时，它们在林中树枝上栖息，有时 1 个群体栖息于同一树枝上，相互靠拢，排成 1 条直线，次日清晨再一一

飞到地上活动。性机警，胆小怕人，受惊时多由山下往山上奔跑或急飞。活动时较为安静无声，有时可听到行走时踩踏的“沙沙”声。通常仅在有危险时雄鸟才发出尖锐的“ji-go-go-go”的警戒声。杂食性，主要以植物的嫩叶、幼芽、花、茎、浆果、种子、根等为食，也吃蝗虫、蚂蚁、甲虫、鳞翅目昆虫、蚯蚓、蜗牛等动物性食物。

地理分布 保护区记录于马岗头、下寮、乌岩尖、上芳香等多地。浙江省内见于湖州、嘉兴、杭州、绍兴、宁波、金华、衢州、温州、丽水。国内分布于浙江、江西、江苏南部、福建西北部、广东东部。

繁殖 繁殖期 4—5 月。3 月中下旬雄鸟开始发情，一雄多雌制，雄鸟之间常为争夺配偶而争斗。营巢于林下灌丛间地面凹处或草丛中。巢较简陋，主要由枯草、树叶、松针和羽毛构成。巢的外径 32~36cm，内径 19~24cm，深 9.5~11.0cm。每窝产卵 4~8 枚。卵淡褐色至棕褐色，被白色石灰质斑点，平均大小 38.0mm × 50.6mm，重 31.1~41.5g。通常每隔 1 日产 1 枚卵，卵产齐后即开始孵化，孵化期 24~25 天。雏鸟早成性，孵出的当日即可离巢随亲鸟活动。

居留型 留鸟（R）。

保护与濒危等级 国家二级重点保护野生动物；《中国生物多样性红色名录》无危（LC）；《IUCN 红色名录》无危（LC）。

保护区相关记录 首次记录为第一次综合科考（1984）。翁少平（2014）、张雁云（2017）也有记录。

7 白颈长尾雉 横纹背鸡

Syrmaticus ellioti (Swinhoe, 1872)

目 鸡形目 GALLIFORMES
科 雉科 Phasianidae

英文名 Elliot's Pheasant

形态特征 大型雉类，雄鸟全长约81cm，雌鸟约45cm。雄鸟额、头顶和枕橄榄灰褐色，后颈灰色，颈侧白色且沾灰色；脸裸露、鲜红色，耳羽淡灰褐色，眼上有1条短的白色眉纹；颏、喉及前颈黑色。上背和胸辉栗色，具金黄色羽端和黑色中央次端斑；肩羽基部栗色，逐渐变为黑色，并具宽阔的白色端斑，在两肩各形成1条宽阔的白带。下背、腰及较短的尾上覆羽黑色且具蓝色金属光泽，并具细窄白色横斑和羽缘；较长的尾上覆羽和尾羽橄榄灰色，具宽阔的栗色横斑；翅上覆羽辉暗赤褐色，覆羽中部横贯以钢蓝色斑块，大覆羽具黑色横斑和白色羽端。初级飞羽暗褐色，外翈端部棕色而杂有褐斑；次级飞羽浅栗色且具灰色端缘。腹棕白色，胁栗色，尾下覆羽绒黑色。雌鸟额、头顶和枕栗褐色，头侧、颈侧及颏沙褐色，后颈灰褐色，喉和前颈黑色，背黑色且具浅栗色横斑、沙褐色至灰褐色羽端，翕具白色矢状羽干斑，往背的方向此斑逐渐缩小和消失。下背至尾上覆羽沙褐色或棕褐色，而杂以黑色和棕色斑；翅上覆羽基部大都红棕色至棕褐色，密杂以黑斑，端部沙褐色且具白缘，内翈端部具1块黑色斑块。初级飞羽暗褐色，外侧几枚外翈杂有淡棕黄色三角形斑，次级飞羽亦暗褐色，具不规则的栗色横斑和浅褐色羽端。中央尾羽灰白色而密杂以栗褐色斑点和横斑；外侧尾羽和尾下覆羽栗色，具黑色次端斑和宽阔的白色羽端。胸和两胁浅棕褐色，具白色羽端和微杂黑斑，其余下体大都白色。虹膜褐色至浅栗色，嘴黄

褐色，脚蓝灰色。雄鸟具距。

栖息环境 主要栖息于海拔 1200m 以下的低山丘陵地区的阔叶林、混交林、针叶林、竹林和林缘灌丛地带，其中尤以阔叶林和混交林最为主要，冬季有时可下到海拔 500m 左右的疏林灌丛地带。

生活习性 喜集群，常成 3~8 只的小群活动。性胆怯而机警，活动时很少鸣叫。白天在地面活动，晚上栖息于树上。以植物性食物为主，喜食豆荚、种子、浆果、嫩叶等，亦可取食一定量的昆虫。

地理分布 保护区记录于竖半天、上芳香、石鼓背、金竹坑、金刚厂等地。浙江省内见于湖州、杭州、绍兴、宁波、台州、金华、衢州、温州、丽水。国内分布于浙江、重庆、贵州、湖北东南部、湖南、安徽南部、江西、福建、广东、广西。

繁殖 繁殖期 4—6 月。一雄多雌制。交配后雌鸟自行筑巢、孵卵、觅食，而雄鸟在繁殖地过游荡生活。营巢于较隐蔽的林内和林缘的岩石下，亦见于灌木丛中。巢结构简单，用枯枝落叶构成凹盘状。每窝产卵 5~8 枚。卵奶油色或玫瑰白色，光滑无斑。每日或隔日产卵 1 枚，卵产齐后，由雌鸟孵化，孵化期 24~25 天。

居留型 留鸟（R）。

保护与濒危等级 国家一级重点保护野生动物;《中国生物多样性红色名录》易危（VU）;《IUCN 红色名录》近危（NT）。

保护区相关记录 首次记录为第一次综合科考（1984）。翁少平（2014）、张雁云（2017）也有记录。

8 环颈雉 野鸡、山鸡

Phasianus colchicus Linnaeus, 1758

目 鸡形目 GALLIFORMES
科 雉科 Phasianidae

英文名 Ring-necked Pheasant

形态特征 大型雉类，体长58~90cm。雄鸟前额和上嘴基部黑色，富有蓝绿色光泽。头顶棕褐色，眉纹白色，眼先和眼周裸出皮肤绯红色。耳羽丛蓝黑色。颈部有1条黑色横带，一直延伸到颈侧，与喉部的黑色相连，具绿色金属光泽。在此黑环下有1条比黑环窄些的白色环带，一直延伸到前颈，形成1条完整的白色颈环，其中前颈白带比后颈白带更为宽阔。上背羽毛基部紫褐色，具白色羽干纹，端部羽干纹黑色，两侧为金黄色；背和肩栗红色。下背和腰两侧蓝灰色，中部灰绿色，且具黄黑相间排列的波浪形横斑；尾上覆羽黄绿色，部分末梢沾有土红色。小覆羽、中覆羽灰色，大覆羽灰褐色，具栗色羽缘。飞羽褐色；初级飞羽具锯齿形白色横斑；次级飞羽外翈具白色虫蠹状斑和横斑；三级飞羽褐色偏棕，具波浪形白色横斑，外翈羽缘栗色，内翈羽缘棕红色。尾羽黄灰色，除最外侧2对外，均具一系列交错排列的黑色横斑；黑色横斑两端又连接栗色横斑。颏、喉黑色，具蓝绿色金属光泽。胸部呈带紫的铜红色，亦具金属光泽，羽端具有倒置的锚状黑斑或羽干纹。两胁淡黄色，近腹部栗红色，羽端具一大形黑斑。腹黑色。尾下腹羽棕栗色。雌鸟较雄鸟小，羽色亦不如雄鸟艳丽，头顶和后颈棕白色，具黑色横斑。雄鸟虹膜栗红色，雌鸟虹膜淡红褐色；嘴暗白色；雄鸟跗跖黄绿色，其上有短距，雌鸟跗跖红绿色，无距。

栖息环境 栖息于低山丘陵、农田、地边、沼泽草地，以及林缘灌丛、道路两边的灌丛中，多分布于海拔 1200m 以下。

生活习性 脚强健，善于奔跑，特别是在灌丛中奔走极快，也善于藏匿。常集成几只至 10 多只的小群到农田、林缘、村庄附近活动和觅食。杂食性，冬季主要以各种植物的嫩芽、嫩枝、草茎、果实、种子和谷物为食，夏季主要以各种昆虫、其他小型无脊椎动物、部分植物的嫩芽与浆果、草籽为食，春季则啄食刚发芽的嫩草茎和草叶。

地理分布 保护区记录于后坑。浙江省各地广布。国内分布于浙江、河北南部、山东、河南、陕西南部、宁夏、贵州、湖北、湖南、安徽、江西、江苏、上海、福建、广东。

繁殖 繁殖期 3—7 月。繁殖期雄鸟常发出“咯 – 咯咯咯”的鸣叫，特别在清晨最为频繁。发情期间雄鸟各占据一定领域，并不时在自己领域内鸣叫。营巢于草丛、芦苇丛或灌丛中地上，也在隐蔽的树根旁或麦地里营巢。巢呈碗状或盘状，较为简陋，多系亲鸟在地面刨弄一浅坑，内再垫以枯草、树叶和羽毛即成。巢的大小约为 23cm × 21cm，深 6~10cm。1 年繁殖 1~2 窝，每窝产卵 4~8 枚。卵有橄榄黄色、土黄色、黄褐色、青灰色、灰白色等不同色型。

居留型 留鸟（R）。

保护与濒危等级 《中国生物多样性红色名录》无危（LC）；《IUCN 红色名录》无危（LC）。

保护区相关记录 首次记录为第一次综合科考（1984）。翁少平（2014）、张雁云（2017）也有记录。

9 豆雁 麦鹅

Anser fabalis (Latham, 1787)

目 雁形目 ANSERIFORMES
科 鸭科 Anatidae

英文名 Taiga Bean Goose

形态特征 大型灰色雁，体长 69~80cm。雌、雄近似。头、颈棕褐色；肩、背灰褐色，各羽边缘较淡，呈黄白色；腰黑褐色；翅上覆羽和三级飞羽与背同色；初级覆羽黑褐色，羽缘黄白色；初级和次级飞羽黑褐色，最外侧几枚飞羽的外羽片灰色；尾上覆羽纯白色；尾羽黑褐色，羽端白色。喉和胸淡棕褐色，两胁有灰褐色横斑；腹污白色；尾下覆羽白色。虹膜褐色；嘴甲圆形，端部略尖，呈黑色，嘴基黑色，鼻孔前端与嘴甲之间有一黄色横斑，此斑在嘴的两侧缘向后延伸几至嘴角，形成 1 条狭窄橙黄色带斑；脚橙黄色，爪黑色。

栖息环境 繁殖期栖息于近北极地区的泰加林和森林沼泽区域，非繁殖期喜集群于农田、湖泊、泻湖、沼泽、河流、水库等水域，数十只至上百只在一起觅食或栖息。

生活习性 除繁殖期外，常成群活动，特别在迁徙季节，常集成数十、数百甚至上千只的大群，有时成“人”字形，有时成“一”字形飞行。性机警，不易接近，常在距人 500m 处就起飞。晚间夜宿时，常有 1 只至数只警卫，一旦发现有情况，立即发出鸣叫声，雁群闻声立即起飞，边飞边鸣，不断地在栖息地上空盘旋，直到危险过去才飞回原处。睡觉时常将头夹于胁间。主要食植物性食物，如苔藓、地衣，以及其他植物的嫩芽、嫩叶、果

实、种子，也吃少量动物性食物。通常在栖息地附近的农田、草地和沼泽地上觅食，有时亦飞到较远处的觅食地。

地理分布 保护区记录于三插溪。浙江省内见于杭州、绍兴、宁波、衢州、温州、丽水。国内分布于浙江、黑龙江、吉林、辽宁、北京、天津、河北、山东、河南、内蒙古东北部、新疆西北部、湖北、湖南、安徽、江西、江苏、上海、福建、广东、广西、海南。

繁殖 繁殖期 5—7 月。一雄一雌制，结合较为固定。通常成对或成群在一起营群巢。成鸟到达繁殖地后不久即开始营巢，营巢在多湖泊的苔原沼泽地上或偏僻的泰加林附近的河岸与湖边，也有在海边岸石上、河中或湖心岛屿上营巢的。巢多置于小丘、斜坡等较为干燥的地方，亦在灌木中或灌木附近开阔地面上。营巢由雌、雄亲鸟共同进行，先将选择好的地方稍微踩踏成凹坑，然后用干草及其他干的植物作底垫，内面再放羽毛和雌鸟从自己身上拔下的绒羽。1 年繁殖 1 窝，每窝产卵 3~8 枚。卵乳白色或淡黄白色，大小为（74~87mm）×（42~59mm）。雌鸟单独孵卵，雄鸟在巢附近警戒，孵化期 25~29 天。雏鸟早成性，孵出后常在亲鸟带领下活动；幼鸟 3 年性成熟，亦有少数 2 龄时即表现出性要求。

居留型 冬候鸟（W）。

保护与濒危等级 浙江省重点保护野生动物；《中国生物多样性红色名录》无危（LC）；《IUCN 红色名录》无危（LC）。

保护区相关记录 2020 年科考新增物种。

10 白额雁 花斑雁、明斑雁

Anser albifrons (Scopoli, 1769)

目 雁形目 ANSERIFORMES
科 鸭科 Anatidae

英文名 Greater White-fronted Goose

形态特征 大型灰色雁，体长64~80cm，略小于豆雁。雌、雄体色相似。额和上嘴基部有1道白色宽阔带斑，白斑的后缘黑色；头顶和后颈暗褐色；背、肩、腰等暗灰褐色，各羽边缘较淡，近白色；翅上覆羽和三级飞羽与背同色；初级覆羽灰色；外侧次级覆羽灰褐色，羽缘较淡；初级飞羽黑褐色，最外侧的几枚飞羽外羽片沾灰色；尾亦黑褐色，尾尖白色；尾上覆羽纯白色；颊暗褐色，其前端有一小块白斑；头侧、前颈及上胸灰褐色，向后渐淡；腹污白色，杂以不规则块斑；两胁灰褐色，羽端近白；肛周及尾下覆羽白色。虹膜褐色；嘴肉色或玫瑰肉色，嘴甲淡；脚橄榄黄色，爪淡白色。幼鸟额上的白色块斑较小或不很明显；腹部黑褐色块斑甚少。

栖息环境 非繁殖期多栖息于多水草或草地的开阔农田、沼泽、平原、湖泊、水库、河流等生境中，多与其他雁类混群。繁殖期栖息于北极苔原带富有矮小植物和灌丛的湖泊、水塘、河流、沼泽及其附近苔原等各类生境，从苔原海岸到高出海平面200m以上的苔原高地和森林苔原地带均可被利用。

生活习性 多数时间都是在陆地上，或是觅食，或是休息。在陆地的时间通常较在水中的时间长，有时仅仅是为了喝水才到水中。善于在地上行走和奔跑，速度甚快，起飞和下降亦很灵活。善游泳，在紧急状况时亦能潜水。常成小群活动，飞行时队列多成“一”字形或“人”字形。觅食多在白天，通常天一亮即成群飞往陆地上的觅食地，中午回到栖息地，然后再次成群飞到觅食地觅食，直到太阳落山才又回到休息地。主要吃植物性食物。

夏季主要吃苔原植物；秋冬季则主要吃水边植物，如芦苇、三棱草，以及其他植物的嫩芽、根、茎，也吃农作物幼苗。

地理分布 保护区记录于三插溪。浙江省内见于嘉兴、杭州、绍兴、宁波、衢州、温州、丽水。国内分布于浙江、黑龙江、吉林、辽宁、北京、天津、河北、山东、河南、内蒙古、湖北、湖南、安徽、江西、江苏、上海、广东、广西、台湾。

繁殖 繁殖期 6—7 月。繁殖地在北极苔原带。求偶行为与其他雁相似，首先是彼此进行头浸水运动，同时张翅和鸣叫。通常 5 月中旬至月末成小群到达繁殖地，不久即成对或成家族群分散开来寻找适合的营巢地，一般不利用上年的旧巢。开始营巢后，跟随亲鸟到达繁殖地的上年幼鸟和亚成鸟离开亲鸟，成群漫游在整个苔原地上，也有的不离开而是伴随亲鸟在巢附近活动。营巢在河流与湖泊密布、有小灌木生长的苔原地带。置巢在高的河岸、宽阔的低山冈顶部、土丘或斜坡上等较为干燥的地方。巢极为简陋，仅系一凹坑，内放以干草和绒羽。6 月中旬产卵，1 天 1 枚，偶尔隔天 1 枚，1 窝卵数通常 4~5 枚，最多可到 7 枚，最少 3 枚。卵白色或淡黄色，大小为（76.0~88.5mm）×（49.5~56.5mm）。雌鸟孵卵，孵化期为 21~23 天，有的为 26~28 天。雏鸟早成性，雏鸟孵出后的第二天，成鸟即带领雏鸟进入富有芦苇等水生植物的水域中，大约经过 45 天的雏鸟期后，幼鸟即可飞翔。与此同时，成鸟亦集中开始换羽，在此阶段，它们亦失去了飞翔能力。

居留型 冬候鸟（W）。

保护与濒危等级 国家二级重点保护野生动物；《中国生物多样性红色名录》无危（LC）；《IUCN 红色名录》无危（LC）。

保护区相关记录 2020 年科考新增物种。

11 鸳鸯 中国官鸭、匹鸟、邓木鸟

Aix galericulata (Linnaeus, 1758)

目 雁形目 ANSERIFORMES
科 鸭科 Anatidae

英文名 Mandarin Duck

形态特征 色彩艳丽的小型游禽，体长 38~45cm。雄鸟夏羽额和头顶中央羽翠绿色，并带金属光泽；枕部铜赤色，与后颈的暗紫色和暗绿色的长羽等组成羽冠；头顶两侧眉纹纯白色，伸至颈顶延长而成羽冠的中间部分；眼先淡黄色，颊棕栗色；颈侧领羽，细长如矛，呈辉栗色，羽轴淡黄色；颏、喉等为纯栗色。背和腰暗褐色，并有铜绿色金属光泽；内侧肩羽紫蓝色，外侧数枚纯白色，并带有绒黑色的黑边；翅上覆羽与背部同色；三级飞羽黑褐色，最后 1 枚外羽片呈金属蓝绿色，先端栗黄色，内羽片扩大成扇状，直立如帆；尾羽暗褐色且带金属绿色；上胸和胸侧带有暗紫色金属光泽；下胸两侧绒黑色，并有 2 条明显的白色半圆形带斑，下胸和尾下覆羽乳白色。雌鸟夏羽头顶无羽冠；头和颈的背面灰褐色，眼周和眼后有 1 条纵纹白色，头和颈的两侧浅灰褐色；颏、喉均为白色；上体余部橄榄褐色，至尾转为暗褐色；两翅羽色与雄鸟相似，但无金属光泽；胸侧与两胁棕褐色，而杂以暗色斑；腹和尾下覆羽纯白色。虹膜褐色；嘴雄鸟暗角红色，尖端白色，雌鸟褐色至粉红色，嘴基白色；脚橙黄色。

栖息环境 主要栖息于山地森林河流、湖泊、水塘、沼泽和稻田中，冬季多栖息于大的开阔湖泊、江河和沼泽地带。

生活习性 除繁殖期外，常成群活动，特别是迁徙季节和冬季，集群多达 50~60 只，有时达近百只。善游泳和潜水，除在水上活动外，也常到陆地上活动和觅食。性机警，善隐

蔽，受惊扰立即起飞，并发出一种尖细的叫声。在饱餐之后，返回栖居之处时，常常先有 1 对鸳鸯在栖居地的上空盘旋侦察，确认没有危险后才招呼大群一起落下歇息。如果发现情况，就发出“哦儿，哦儿”的报警声，与同伴们一起迅速逃离。杂食性。在繁殖期主要以动物性食物为食，如蚂蚁、石蝇、螽斯、蝗虫、蚊子、甲虫等昆虫，也吃蝲蛄、虾、蜗牛、蜘蛛、小型鱼类、蛙等动物性食物。在非繁殖期主要以草叶、树叶、草根、草籽、苔藓等为食，也吃玉米、稻谷等农作物，忍冬、橡子等植物果实与种子。

地理分布 保护区记录于三插溪。浙江省内见于嘉兴、杭州、绍兴、宁波、舟山、台州、金华、衢州、温州、丽水。除西藏、青海外，分布于国内各省份。

繁殖 繁殖期 4—5 月。3 月末 4 月初迁到繁殖地时并不立刻营巢，而是成群活动在林外河流与水塘中。随着天气逐渐变暖，鸳鸯才逐渐分散和成对进入营巢地。4 月下旬开始交配，一直持续到 5 月中旬。营巢于紧靠水边老龄树的天然树洞中，距地高 10~18m。巢材极简陋，巢内除树木本身的木屑外，还有雌鸟从自己身上拔下的绒羽。5 月初开始产卵，每窝产卵 7~12 枚。卵圆形，白色，光滑无斑，大小为（47~52mm）×（37~40mm），重 18~45g。雌鸟孵卵，孵化期 28~30 天。雏鸟早成性，雏鸟孵出第二天即能从高高的树洞中跳下来，进入水中后即能游泳和潜水。

居留型 冬候鸟（W）。

保护与濒危等级 国家二级重点保护野生动物；《中国生物多样性红色名录》近危（NT）；《IUCN 红色名录》无危（LC）。

保护区相关记录 2020 年科考新增物种。

12 绿翅鸭 小凫、小水鸭、小麻鸭、巴鸭

Anas crecca Linnaeus, 1758

目 雁形目 ANSERIFORMES
科 鸭科 Anatidae

英文名 Common Teal

形态特征 小型鸭类，体长约37cm。雄鸟头和颈部深栗色，自眼周向后有黑褐带紫绿光辉的宽阔带斑，带斑与深栗色部分之间以及上嘴基部至眼前等处有浅棕近白的细纹；上背、肩与两胁等处都有黑白相间的虫蠹状细纹；两翼暗灰褐色，翼镜内侧绿色，外侧黑色有绒质地的反光。胸部棕白色，满布黑褐色点斑；腹部白色沾棕色，下腹略带黑褐色虫蠹状细纹。雌鸟头顶和后颈棕色，有黑色粗纹；头侧棕白色，黑纹较细；颏、喉污白色，有褐色点斑；背面黑褐色，带有棕黄色V形细斑和棕白色羽缘；两翅与雄鸟相似，但翼镜较小；下体白色沾棕色，两胁有褐色V形斑，下腹有不明显的褐色斑。虹膜淡褐色；嘴黑色，下嘴较淡；跗跖棕褐色；爪黑色。

栖息环境 主要栖息于河流、水库、水田、池塘、沼泽、沙洲、海湾和滨海湿地等水域，大多集群活动，也常与其他小型河鸭混群。

生活习性 喜集群，特别是迁徙季节和冬季，常集成数百甚至上千只的大群活动。飞行疾速、敏捷有力，两翼鼓动快且声响很大，头向前伸直，常排成直线形、V形。游泳很好，但在陆地上行走时显得有些笨拙。冬季主要以植物性食物为主，特别是水生植物种子和嫩叶，有时也到附近农田觅食地上的谷粒；其他季节也吃甲壳动物、软体动物、水生昆虫和其他小型无脊椎动物。觅食主要在水边浅水处，多在清晨和黄昏，有时晚上和白天亦觅食，每日觅食时间较长。休息多在水边地上或沙洲和湖中小岛上。

地理分布 保护区记录于三插溪。浙江省各地广布。国内见于各省份。

繁殖 繁殖期5—7月，繁殖于整个古北界，在南方越冬。到达繁殖地不久即开始营巢。营巢于湖泊、河流等水域岸边或附近草丛和灌木丛中地上。巢极为隐蔽，用芦苇、灯心草和羽毛筑成简陋的巢，通常为一凹坑，内垫少许干草，四周围以绒羽。每窝产卵8~11枚。卵白色或淡黄白色，大小为（41~49mm）×（30~35mm），重25~30g。雌鸟孵卵，雄鸟自孵卵开始即离开雌鸟到安静地区换羽，孵化期21~23天。雏鸟早成性，孵出后不久即能行走和游泳，在雌鸟带领下经过30多天即能飞翔。

居留型 冬候鸟（W）。

保护与濒危等级 浙江省重点保护野生动物；《中国生物多样性红色名录》无危（LC）；《IUCN红色名录》无危（LC）。

保护区相关记录 2020年科考新增物种。

13 绿头鸭 大绿头、大红腿鸭、大麻鸭

Anas platyrhynchos Linnaeus, 1758

目 雁形目 ANSERIFORMES
科 鸭科 Anatidae

英文名 Mallard

形态特征 大型鸭类，体长 47~62cm，为家鸭的野型。雄鸟头和颈部暗绿色，具有强烈的金属光泽，颏部近黑色，颈基有宽 10mm 多的白色领环；上背和两肩满布褐色与灰色相间的虫蠹状细斑；下背黑褐色；腰及尾上覆羽绒黑色；中央 2 对尾羽黑色，向上卷曲如钩状；外侧尾羽灰褐色；翼镜蓝色，有强光泽，前后缘以绒黑色并有白色宽边；上胸栗色，羽缘浅棕色；下胸两侧、两胁及腹淡灰白色，满布细小的褐色虫蠹状斑纹或点状斑；尾下覆羽绒黑色。雌鸟头顶和枕黑色，杂有棕黄色的条纹；头侧、颈侧和后颈棕黄色且杂有黑褐色纵纹；上体黑褐色，布有棕黄色的羽缘和 V 形斑，两翅羽色与雄鸟相似；颏、喉和前颈浅棕红色；胸部棕色，带有暗褐色斑；腹及两胁浅棕色，散布褐色的斑块或条纹。虹膜棕褐色；雄鸟嘴黄绿色或橄榄绿色，嘴甲黑色，跗跖红色；雌鸟嘴黑褐色，嘴端暗棕黄色，跗跖橙黄色。幼鸟似雌鸟，但喉较淡，下体白色，具黑褐色斑和纵纹。

栖息环境 主要栖息于水生植物丰富的湖泊、河流、池塘、沼泽等水域中；冬季和迁徙期间也出现于开阔的湖泊、水库、江河、沙洲、海岸附近沼泽和草地。

生活习性 除繁殖期外常成群活动，特别是迁徙和越冬期间，常集成数十、数百甚至上千只的大群，或是游泳于水面，或是栖息于水边沙洲或岸上。性好动，活动时常发出“ga-

ga-ga-”的叫声，响亮清脆。研究发现，绿头鸭具有控制大脑部分保持睡眠、部分保持清醒状态的习性，即绿头鸭在睡眠中可睁一只眼闭一只眼。杂食性，主要以植物的叶、芽、茎、果实、种子等植物性食物为食，也吃软体动物、甲壳动物、水生昆虫等动物性食物，秋季迁徙和越冬期间也常到收割后的农田觅食地上的谷物。觅食多在清晨和黄昏，白天常在河湖岸边、沙滩、湖心沙洲和小岛上休息或在开阔的水面上游泳。

地理分布 保护区记录于三插溪和里光溪。浙江省各地广布。国内见于各省份。

繁殖 冬季在越冬地配成对，1—2月开始求偶，3月大都结合成对，繁殖期4—6月。营巢于湖泊、河流、水库、池塘等水域岸边草丛地上或倒木下的凹坑处，也在蒲草和芦苇滩上、河岸岩石上、大树的树杈间和农民的苞米楼上营巢，营巢环境极为多样。巢用干草茎、蒲草和苔藓构成。巢的大小为外径25~30cm，内径15~20cm，深4~10cm，高8~13cm。每窝产卵7~11枚。卵白色或绿灰色，大小为（56~60mm）×（40~43mm），重48~59g。雌鸭孵卵，孵化期24~27天，6月中旬即有雏鸟出现。雏鸟早成性，雏鸟出壳后不久即能跟随亲鸟活动和觅食。

居留型 冬候鸟（W）。

保护与濒危等级 浙江省重点保护野生动物;《中国生物多样性红色名录》无危（LC）;《IUCN红色名录》无危（LC）。

保护区相关记录 2020年科考新增物种。

14 斑嘴鸭 中华斑嘴鸭、中国斑嘴鸭、东方斑嘴鸭

Anas zonorhyncha Swinhoe, 1866

目 雁形目 ANSERIFORMES
科 鸭科 Anatidae

英文名 Eastern Spot-billed Duck

形态特征 大型深褐色鸭，体长50~64cm。雌、雄体色近似。雄鸟额、头顶和枕部暗褐色；自嘴基起有暗褐色带纹贯眼至耳区；眉纹黄白色；颊和颈侧黄白色，夹杂暗褐色小斑点；上背暗灰褐色；下背褐色；腰及尾上覆羽黑褐色；尾羽黑褐色；初级飞羽棕褐色；次级飞羽内翈黑褐色，外翈蓝绿色，翼镜蓝绿色，带有紫色光泽，羽端有黑色宽带，边缘白色；三级飞羽暗褐色，外翈带有宽而明显的白边；翅上覆羽暗褐色，羽端近灰白色；大覆羽暗褐色，端部黑色，暗褐色与黑色之间有白色狭纹，构成翼镜的前缘；颏和喉黄白色；胸淡棕白色而杂有褐色斑；腹褐色，向右逐渐转为暗褐色；尾下覆羽近黑色。雌鸟羽色似雄鸟，但褐色略淡。虹膜黑褐色，外圈橙黄色；嘴蓝黑色，先端橙黄色，嘴甲先端稍带黑色；跗跖橙黄色。幼鸟似雌鸟，但上嘴大都棕黄色，中部开始变为黑色，下嘴多为黄色，亦开始变黑色，体羽棕色边缘较宽，翼镜前、后缘的白纹亦较宽，尾羽中部和边缘棕白色，尾下覆羽淡棕白色。

栖息环境 主要栖息于湖泊、水库、江河、水塘、河口、沙洲和沼泽地带，迁徙期间和冬季也出现在沿海和农田地带。

生活习性 除繁殖期外，常成群活动，也与其他鸭类混群。善游泳，亦善行走，但很少潜水。活动时常成对或分散成小群于水面游泳，休息时多集中在岸边沙滩或水中小岛上。有时将头反于背上，将嘴插于翅下，漂浮于水面休息。清晨和黄昏则成群飞往附近农田、沟渠、水塘和沼泽地上寻食。鸣声洪亮而清脆，很远即可听见。杂食性，以植物性食物为主，主要吃松藻、浮藻等水生藻类，其他水生植物的叶、嫩芽、茎、根，草籽和谷物种子，也吃昆虫、软体动物等动物性食物。

地理分布 保护区记录于三插溪。浙江省各地广布。国内见于各省份。

繁殖 繁殖期 5—7 月。营巢于湖泊、河流等水域岸边草丛中或芦苇丛中，以及海岸岩石间或水边竹丛中，在山区河流岸边的岩壁缝隙中亦见有营巢的。巢主要由草茎和草叶构成，产卵开始后亲鸟从自己身上拔下绒羽垫于巢的四周，结构甚为精致。巢的大小为外径 250~300mm，内径 150~200mm，深 7~9mm。每窝产卵 8~14 枚，通常 9~10 枚。卵呈乳白色，光滑无斑，大小为（53~60mm）×（38~43mm），重 42~54g。孵卵由雌鸟承担，孵化期 24 天。雏鸟早成性，孵出后不久即能游泳和跟随亲鸟活动、取食。

居留型 冬候鸟（W）。

保护与濒危等级 浙江省重点保护野生动物;《中国生物多样性红色名录》无危（LC）;《IUCN 红色名录》无危（LC）。

保护区相关记录 2020 年科考新增物种。

15 小䴙䴘 油鸭、王八鸭子

Tachybaptus ruficollis (Pallas, 1764)

目 䴙䴘目 PODICIPEDIFORMES

科 䴙䴘科 Podicipedidae

英文名 Little Grebe

形态特征 小型游禽，体长 25~32cm，是䴙䴘中体形最小的一种。夏羽头和上体黑褐色，部分羽毛尖端苍白；眼先、颊、上喉等黑褐色；下喉、耳羽、颈侧红栗色；初级、次级飞羽灰褐色，初级飞羽尖端灰黑色，次级飞羽尖端白色；大、中覆羽暗灰黑色，小覆羽淡黑褐色；前胸、两胁、肛周均灰褐色，前胸羽端苍白色或白色，后胸和腹丝光白色，带有与前胸相同的灰褐色；腋羽和翼下覆羽白色。虹膜黄色；嘴黑色，嘴角黄绿色，尖端白色；跗跖石板灰色。幼鸟体色较淡，颈部无栗色，头颈部呈黑色、红褐色的花斑状，背褐色，有棕褐色斑，下体淡褐色，胸缀有淡褐色斑纹。

栖息环境 栖息于湖泊、水塘、水渠、池塘和沼泽地带，也见于水流缓慢的江河和沿海湿地中。

生活习性 单独或成对活动，有时也集成 3~5 只或 10 余只的小群。善游泳和潜水，在陆地上亦能行走，但行动迟缓而笨拙。飞行能力不强，在水面起飞时需要涉水助跑一段距离后才能飞起，飞行时贴近水面，头、颈向前伸直，脚拖于尾后，两翅鼓动较快。活动时频频潜水取食，休息时常一动不动地漂浮于水面。遇到危险则游入水草丛中或潜入水下隐藏，不时又在附近露出水面。有时它沉入水中，仅留嘴和眼在水面上，其状似鳖，故有“王八鸭子”之称。食物主要为各种小型鱼类，也吃蜻蜓幼虫、蝌蚪、甲壳动物、软体动物等，偶尔吃水草等水生植物。

地理分布 保护区记录于黄桥。浙江省各地广布。除台湾外，分布于国内各省份。

繁殖 繁殖期 5—7 月。营巢于有水生植物的湖泊和水塘岸边浅水处水草丛中。通常咬断芦苇作巢基，置巢于芦苇丛之间，漂浮于水面上，能随水的涨落而起落。巢由芦苇和水草构成，内垫以苔藓或无任何内垫物，大小为外径为 15~18cm，内径 10~12cm，深 3~7cm。每窝产卵 4~7 枚。卵污白色或污褐色，椭圆形、梨形和葫芦形，大小为（24~27mm）×（33~39mm），重量 10~13g。雌、雄鸟轮流孵卵，离巢时亲鸟用巢边的水草将卵盖住，孵化期 19~24 天。雏鸟早成性，孵出后的第 2 天即能下水游泳。

居留型 留鸟（R）。

保护与濒危等级 《中国生物多样性红色名录》无危（LC）;《IUCN 红色名录》无危（LC）。

保护区相关记录 2020 年科考新增物种。

16 山斑鸠 金背斑鸠

Streptopelia orientalis (Latham, 1790)

目 鸽形目 COLUMBIFORMES
科 鸠鸽科 Columbidae

英文名 Oriental Turtle Dove

形态特征 中型偏粉色斑鸠，体长28~36cm。雌、雄近似。头和颈灰褐色带葡萄酒色，前额和头顶略带蓝灰色；在颈基两侧各有1块羽缘为蓝灰色的黑羽；上背褐色，各羽缘以红褐色；下背和腰均为蓝灰色；尾上覆羽褐中带灰色，羽端纯灰色；中央尾羽褐色，羽端沾灰色；外侧尾羽褐色更深，而灰色端部更宽，最外侧尾羽的外翈为灰白色；肩羽和内侧飞羽均黑褐色，羽缘红褐色；外侧中覆羽和大覆羽深石板灰色，羽端较淡；飞羽黑褐色并有较淡的狭缘。下体为葡萄酒的红褐色；颏和喉呈带黄的粉红色；腹部淡灰色；两胁、腋羽及尾下覆羽均蓝灰色，尾下覆羽较淡。虹膜橙色；嘴暗铅蓝色；脚或多或少为洋红色，爪角褐色。

栖息环境 栖息于低山丘陵、平原、山地的阔叶林、混交林、次生林，果园，农田，宅旁竹林和树上。

生活习性 常成对或成小群活动。如伤雌鸟，雄鸟惊飞后数度飞回原处上空盘旋鸣叫。在地面活动时十分活跃，常小步迅速前进，边走边觅食，头前后摆动。飞翔时两翅鼓动频繁。鸣声低沉，其声似“ku-ku-ku”，重复多次。以各种植物的果实、种子、嫩叶、幼芽为食，有时也吃鳞翅目幼虫、甲虫等昆虫。觅食多在林下地上、林缘和农田。

地理分布 保护区记录于黄桥。浙江省各地广布。除新疆外，分布于国内各省份。

繁殖 繁殖期4—7月。营巢于树上，也在宅旁竹林、孤树或灌木丛中营巢。通常置巢于靠主干的枝杈上，距地高1.5~8m。巢甚简陋，主要由枯的细树枝交错堆集而成，呈盘状，结构甚为松散，从下面可看到巢中的卵或雏鸟。巢的大小为外径（14~18cm）×（16~20cm），内径（8~10cm）×（8~11cm），高4~8cm。巢内无内垫，或仅垫少许树叶、苔藓和羽毛。每窝产卵2枚。卵白色、椭圆形、光滑无斑，大小为（28~37mm）×（21~27mm），重7~12g。雌、雄亲鸟轮流孵卵，孵卵期间甚为恋巢，孵卵期18~19天。雏鸟晚成性，刚出壳时雏鸟裸露无羽，身上仅有稀疏几根黄色毛状绒羽，由雌、雄亲鸟共同抚育，经过18~20天的喂养，幼鸟即可离巢飞翔。

居留型 留鸟（R）。

保护与濒危等级 《中国生物多样性红色名录》无危（LC）；《IUCN红色名录》无危（LC）。

保护区相关记录 首次记录为第一次综合科考（1984）。翁少平（2014）、张雁云（2017）也有记录。

17 灰斑鸠 斑鸠

Streptopelia decaocto (Frivaldszky, 1838)

目 鸽形目 COLUMBIFORMES
科 鸠鸽科 Columbidae

英文名 Eurasian Collared Dove

形态特征 中型鸟类，体长25~34cm。额和头顶前部灰色，向后逐渐转为浅粉红灰色。后颈基处有1道半月形黑色领环，其前、后缘均为灰白色或白色，将黑色领环衬托得更为醒目。背、腰、两肩和翅上小覆羽均为淡葡萄色，其余翅上覆羽淡灰色或蓝灰色，飞羽黑褐色，内侧初级飞羽沾灰色。尾上覆羽也为淡葡萄灰褐色，较长的数枚沾灰色，中央尾羽葡萄灰褐色，外侧尾羽灰白色或白色，而羽基黑色。颏、喉白色，其余下体淡粉红灰色，尾下覆羽和两胁蓝灰色，翼下覆羽白色。虹膜红色，眼睑也为红色，眼周裸露皮肤白色或浅灰色；嘴近黑色；脚和趾暗粉红色，爪黑色。

栖息环境 栖息于平原、山麓和低山丘陵地带树林中，也常出现于农田、果园、灌丛、城镇和村庄附近。

生活习性 群居物种，多成小群或与其他斑鸠混群活动，在谷类等食物充足的地方会形成相当大的种群。鸣声似“ku-ku-ku”，第二声较重，并重复多次，偶尔会发出大约持续2秒的巨大、刺耳、呆板、空洞的鸣叫声，特别是在夏季着陆时。主要以各种植物果实、种子为食，也吃昆虫。

地理分布 早期科考资料有记载，但本次调查未见。浙江省内见于温州。国内分布于浙江、云南、湖北、安徽、江西、福建、广东、澳门。

繁殖 繁殖期4—8月。1年繁殖2窝。通常营巢于小树上或灌丛中，也在房屋和庭院果树上营巢。巢甚简陋，由细枯枝堆集而成，距离地面高3m以上，巢外径14~20cm，内径8~13cm。每窝产卵2枚。卵为乳白色，呈卵圆形，大小为（29~34mm）×（23~26mm），重7~9g。主要由雌鸟孵卵，雄鸟多在巢附近休息和警戒，孵化期14~17天。雏鸟晚成性，孵出后由雌、雄亲鸟共同喂养，经过15~17天的喂养，幼鸟即可飞翔离巢。

居留型 留鸟（R）。

保护与濒危等级 《中国生物多样性红色名录》无危（LC）;《IUCN红色名录》无危（LC）。

保护区相关记录 首次记录为翁少平（2014）。张雁云（2017）也有记录。

18 珠颈斑鸠 鸪雕、鸪鸟、花斑鸠、珍珠鸠

Streptopelia chinensis (Scopoli, 1786)

目 鸽形目 COLUMBIFORMES
科 鸠鸽科 Columbidae

英文名 Spotted Dove

形态特征 中型鸟类，体长 27~34cm。雄鸟前额淡蓝灰色，到头顶逐渐变为淡粉红灰色；枕、头侧和颈粉红色，后颈有一大块黑色领斑，其上布满白色或黄白色珠状的细小斑点；上体余部褐色，羽缘较淡。中央尾羽与背同色，但较深些；外侧尾羽黑色，具宽阔的白色端斑。翼缘、外侧小覆羽和中覆羽蓝灰色，其余覆羽较背为淡。飞羽深褐色，羽缘较淡。颏白色；头侧、喉、胸及腹粉红色；两胁、翅下覆羽、腋羽和尾下覆羽灰色。嘴暗褐色，脚红色。雌鸟羽色与雄鸟相似，但不如雄鸟辉亮，光泽较少。虹膜褐色；嘴深角褐色，细长而柔软；脚和趾紫红色，爪角褐色。

栖息环境 栖息于有稀疏树木生长的平原、草地、低山丘陵和农田地带，也常出现于村庄附近、城市公园和道路旁边的树上、地上、电线杆上。

生活习性 常成小群活动，有时也与其他斑鸠混群活动，常三三两两分散栖息于相邻的树枝头。栖息环境较为固定，如无干扰，可以较长时间不变。觅食多在地上，受惊后立刻飞到附近树上。飞行快速，但不能持久，飞行时两翅扇动较快。鸣声响亮，似“ku-ku-u-ou”，反复重复鸣叫，鸣叫时作点头状。珠颈斑鸠是肌胃，研磨能力较强。主食是颗粒状植物种子，例如稻谷、玉米、小麦、豌豆、黄豆、菜豆、油菜籽、芝麻、高粱、绿豆等，也吃昆虫、蜗牛等动物。

地理分布 保护区各地广布。浙江省各地广布。国内分布于浙江、北京、天津、河北、山东、河南、山西、陕西、内蒙古、宁夏、甘肃、青海、云南、四川、重庆、贵州、湖北、湖南、安徽、江西、江苏、上海、福建、广东、香港、澳门、广西、台湾。

繁殖 求偶的雄性在表演时身体会极度倾斜，并在绕圈飞行时舒展自己的双翅和尾巴以吸引雌性。通常为一夫一妻制，一年繁殖 2~3 次，繁殖期为 4—7 月。通常由雄鸟寻找合适的地方，再带雌鸟去选后，一起筑巢；但也可能“鹊巢鸠占”，即占用之前其他珠颈斑鸠建的或其他鸟类建的巢。营巢于小树枝杈上，或在矮树丛和灌木丛间营巢，也见在山边岩石缝隙中营巢的。巢呈平盘状，甚为简陋，主要由一些细枯枝堆叠而成，结构甚为松散。每窝产卵 2 枚。卵白色、椭圆形、光滑无斑，大小为（26~29mm）×（20~22mm）。雌、雄亲鸟轮流孵卵，孵化期 15~18 天。

居留型 留鸟（R）。

保护与濒危等级 《中国生物多样性红色名录》无危（LC）;《IUCN 红色名录》无危（LC）。

保护区相关记录 首次记录为第一次综合科考（1984）。翁少平（2014）、张雁云（2017）也有记录。

19 红翅绿鸠 白腹楔尾鸠、白腹楔尾绿鸠

Treron sieboldii (Temminck, 1835)

目 鸽形目 COLUMBIFORMES
科 鸠鸽科 Columbidae

英文名 White-bellied Green Pigeon

形态特征 中型鸟类，体长 21~33cm。雌、雄近似。雄鸟额黄绿色，头部橄榄绿色；背、腰暗绿色；尾上覆羽及中央尾羽橄榄绿色，外侧尾羽基部橄榄绿色，端部有黑色横斑；翼上小、中覆羽有栗褐色斑块；初级覆羽、初级飞羽和次级飞羽亮黑色；颏、喉淡黄色；尾下覆羽乳黄色，并有灰绿色的斑纹，有数枚很长的带有灰绿色羽干纹的尾下覆羽；腋羽灰色；胁羽灰绿色。雌鸟体形较雄鸟小，羽色与雄鸟相似，但翼上无栗褐色斑块，上体橄榄绿色比雄鸟更暗，颏、喉淡黄绿色，胸部深黄绿色，头顶和胸部没有棕橙色，背部和翅膀上也没有栗红色，均被暗绿色所取代。虹膜棕红色；嘴基部暗绿色，嘴尖暗绿色；跗跖紫红色，爪端黑褐色。

栖息环境 栖息于海拔 2000m 以下的山地针叶林和针阔叶混交林中，有时也见于林缘耕地。

生活习性 常成小群或单独活动。飞行快而直，能在飞行中突然改变方向，飞行时两翅扇动快而有力，常可听到"呼呼"的振翅声。鸣叫声则很像小孩的啼哭声，为圆润的"wu-wua wu, wu-wua wu"或"ah-oh，ah-oh"声。主要以山樱桃、草莓等浆果为食，也吃其他植物的果实与种子。觅食多在乔、灌木上，也在地上觅食。

地理分布 保护区记录于双坑口。浙江省内见于杭州、宁波、舟山、温州。国内分布于浙江、江西、江苏、上海、福建、台湾。

繁殖 繁殖期为 5—6 月。营巢于山沟或河谷边的树上、灌木上。巢呈平盘状，甚为简陋，主要由枯枝堆集而成。每窝产卵 2 枚。卵白色，光滑无斑，大小为 32.0mm × 24.5mm。

居留型 旅鸟（P）。

保护与濒危等级 国家二级重点保护野生动物;《中国生物多样性红色名录》无危（LC）;《IUCN 红色名录》无危（LC）。

保护区相关记录 2020 年科考新增物种。

20 绿翅金鸠 绿背金鸠

Chalcophaps indica (Linnaeus, 1758)

目 鸽形目 COLUMBIFORMES
科 鸠鸽科 Columbidae

英文名 Emerald Dove

形态特征 中型鸟类，体长 22~25cm。雄鸟前额和宽阔的眉纹白色，头顶至后颈蓝灰色，头侧、颈侧、上翕、颏、喉和胸紫棕褐色。上背、肩、两翅覆羽和内侧次级飞羽翠绿色且具青铜色光泽，下背和腰黑色，其上各有一灰色横带。尾上覆羽暗蓝灰色，羽端黑色，中央尾羽黑褐色，外侧尾羽蓝灰白色，具宽阔的黑褐色次端斑。翅上飞羽和初级覆羽暗褐色。下体紫棕褐色，向后变淡，下腹微沾灰色，尾下覆羽蓝灰色。雌鸟前额蓝白色，无白色眉纹，头顶至后颈黑褐色，头侧和颏淡棕色，颈侧和肩部暗褐色，尾羽暗褐色，外侧尾羽具棕栗色次端斑，其余似雄鸟。幼鸟下体暗棕色，具黑色横斑，背主要为暗紫褐色，其余似雄鸟。虹膜暗褐色，眼睑铅灰色；嘴珊瑚红色；脚和趾紫红色，爪角褐色。

栖息环境 主要栖息于海拔 2000m 以下的山地森林中，尤其喜欢常绿阔叶林，也出现于次生林、灌木林和竹林。

生活习性 常单独或成对活动于森林下层植被茂密处，喜欢在山间小路和沟边地上奔跑和觅食。受惊扰后，立即以极大的速度冲起飞出，然后下降，继而又飞又落，直至进入树林。飞行速度快，能在飞行中不断改变方向，做曲线飞行，因而能很好地穿行于森林中。休息时多栖息于乔木枝头。在地面行走亦轻快敏捷，并捕食，发出“ge-ge”声。主要在地面觅食，以植物果实和种子为食，也吃昆虫。

地理分布 保护区记录于溪斗。浙江省内产于苍南、泰顺。国内分布于浙江、西藏东南部、云南南部、四川、江西、广东、香港、澳门、广西、海南、台湾。

繁殖 繁殖期 3—5 月。成对营巢繁殖，通常营巢于灌木上或灌丛、与竹丛上，距离地面高多在 1.5~4.0m。巢主要由枯树枝、小藤条构成。巢呈盘状，中间稍凹。每窝产卵通常 2 枚。卵为淡乳黄色或皮黄色，椭圆形，大小为（23~29mm）×（19~22mm）。

居留型 留鸟（R）。

保护与濒危等级 《中国生物多样性红色名录》无危（LC）;《IUCN 红色名录》无危（LC）。

保护区相关记录 2020 年科考新增物种。

21 斑尾鹃鸠 花斑咖追

Macropygia unchall (Wagler, 1827)

目 鸽形目 COLUMBIFORMES
科 鸠鸽科 Columbidae

英文名 Barred Cuckoo-dove

形态特征 中型鸟类，体长 32~41cm。雌、雄近似。雄鸟额、眼先、颊以及颏、喉等均皮黄色；头顶、后颈及颈侧等呈显著金属绿紫色；上体其余部分包括翅上的小、中覆羽及数枚内侧飞羽等均为黑褐色，布有栗色细横斑；两翅其余部分暗褐色；中央尾羽与背同色；外侧尾羽转为暗灰色，并带有黑色次端斑；上胸红铜色，有绿色金属光泽；下胸浅淡；腹部淡棕白色；尾下覆羽较显棕色。雌鸟上体金属羽色较淡；头顶与胸都布有黑褐色细横斑。虹膜蓝色，外圈粉红色；嘴黑色；跗跖暗红色，爪暗褐色。

栖息环境 栖息于海拔 800m 以上的山地森林中，冬季也常出现于低山丘陵和山脚平原地带的农田。

生活习性 通常成对活动，偶尔单只，很少成群活动。疾速穿越树冠层，落地时尾上举。行动从容，不甚怕人，见人后并不立刻飞走，总要停留对视片刻才起飞。叫声低沉，似“coo–um–coo–um”声。主要以榕树等植物果实、种子为食，有时也吃稻谷等农作物。

地理分布 保护区记录于双坑口。浙江省内见于丽水、温州。国内分布于浙江、河南、江西、上海、福建、广东、香港、广西、海南。

繁殖 繁殖期 5—8 月。成对营巢于茂密的森林中，有时也在竹林中营巢，通常置巢于树杈上或竹杈上。巢甚简陋，主要由枯枝和草构成。每窝产卵 1 枚，偶尔 2 枚。卵的大小为（30~38mm）×（20~28mm）。

居留型 留鸟（R）。

保护与濒危等级 国家二级重点保护野生动物;《中国生物多样性红色名录》近危（NT）;《IUCN 红色名录》无危（LC）。

保护区相关记录 2020 年科考新增物种。

22 普通夜鹰 蚊母鸟、鬼鸟、贴树皮

Caprimulgus indicus Latham, 1790

目 夜鹰目 CAPRIMULGIFORMES
科 夜鹰科 Caprimulgidae

英文名 Grey Nightjar

形态特征 小型鹰类，体长 26~28cm。上体灰褐色，密杂以黑褐色和灰白色虫蠹状斑；额、头顶、枕具宽阔的绒黑色中央纹；背、肩羽羽端具绒黑色块斑和细的棕色斑点，有的标本在黑色块斑前还有白色斑纹；两翅覆羽和飞羽黑褐色，其上有锈红色横斑和眼状斑；最外侧 3 对初级飞羽内侧近翼端处有一大形棕红色或白色斑，与此相对应的外侧也具有棕白色或棕红色块斑；中央尾羽灰白色，具有宽阔的黑色横斑，横斑间杂有黑色虫蠹状斑；最外侧 4 对尾羽黑色，具宽阔的灰白色和棕白色横斑，横斑间杂有黑褐色虫蠹状斑；颏、喉黑褐色，羽端具棕白色细纹；下喉具一大形白斑；胸灰白色，满杂以黑褐色虫蠹状斑和横斑；腹和两胁红棕色，具密的黑褐色横斑；尾下覆羽红棕色或棕白色，杂以黑褐色横斑。虹膜暗褐色，嘴黑色，脚和趾肉褐色。

栖息环境 主要栖息于海拔 2000m 以下的阔叶林和针阔叶混交林，也出现于针叶林、林缘疏林、灌丛、农田地区竹林和树林内。

生活习性 单独或成对活动。夜行性，白天多蹲伏于林中草地上或卧伏在阴暗的树干上，故名“贴树皮”，由于体色与树干颜色很相似，很难发现。黄昏和晚上才出来活动，尤以黄昏时最为活跃，不停地在空中回旋、捕食。飞行快速而无声，常在鼓翼飞翔之后伴随着一阵滑翔。繁殖期常在晚上和黄昏鸣叫不息，其声似不断快速重复的“chuck”或“tuck”。飞行中捕食，主要以甲虫、夜蛾、蚊等昆虫为食。

地理分布 保护区记录于双坑口、黄桥等地。浙江省各地广布。除新疆、青海外，分布于国内各省份。

繁殖 繁殖期为 5—8 月。通常营巢于林中树下或灌木旁边地上。巢甚简陋，实际上没有巢，直接产卵于地面苔藓上。每窝产卵 2 枚。卵白色或灰白色，其上被大小不等、形状不规则的褐色斑，尤以钝端较多，卵圆形，大小为（27~33mm）×（20~24mm），重 6.5g。雌、雄亲鸟孵卵，孵化期 16~17 天。

居留型 夏候鸟（S）。

保护与濒危等级 《中国生物多样性红色名录》无危（LC）；《IUCN 红色名录》无危（LC）。

保护区相关记录 首次记录为第一次综合科考（1984）。翁少平（2014）、张雁云（2017）也有记录。

23 白腰雨燕 雨燕

Apus pacificus (Latham, 1801)

目 夜鹰目 CAPRIMULGIFORMES
科 雨燕科 Apodidae

英文名 Fork-tailed Swift

形态特征 小型鸟类，体长 17~20cm。通体黑褐色，雌、雄相似。头顶至上背具淡色羽缘，下背、两翅表面和尾上覆羽微具光泽，且具近白色羽缘；腰白色，具细的暗褐色羽干纹；颏、喉白色。虹膜棕褐色，嘴黑色，脚和爪紫黑色。

栖息环境 栖息于岩壁、洞穴、城镇等建筑处，活动范围较广，从村镇附近至高山密林都见该鸟活动，尤其喜欢靠近河流、水库等水源附近的悬崖峭壁。

生活习性 喜成群，常成群地在栖息地上空来回飞翔。阴天多低空飞翔，常疾驰于低空，从地面或水面一掠而过；天气晴朗时常在高空飞翔，或在森林上空成圈飞行。飞行速度甚快，常边飞边叫，声音尖细，为单音节，似“叽－叽－叽－”。以各种昆虫为食，主要种类有叶蝉、小蜂、姬蜂、蝽象、蝇、蚊、蜉蝣等。在飞行中捕食。

地理分布 保护区记录于坑头、三插溪等地。浙江省内见于嘉兴、杭州、宁波、舟山、台州、温州、丽水。国内分布于浙江、陕西、内蒙古、甘肃、云南、重庆、贵州、湖北、江西、福建、广东、香港、广西、台湾。

繁殖 繁殖期 5—7 月。成群在一起营巢。营巢于临近河边和悬崖峭壁裂缝中。雌、雄亲鸟均参与营巢活动，但以雌鸟为主。5 月中旬开始营巢，巢主要由灯心草、早熟禾、灌木的枝叶、树皮、苔藓和羽毛等构成，亲鸟用唾液将巢材胶结在一起和黏附于岩壁上。巢较为坚固，尤其是巢沿胶结得更为坚固，巢沿较厚，一般为 1.8~2.0cm，巢底较薄，一般为 0.4~1.0cm。巢的形状为圆杯状或碟状，大小为外径 7~12cm，内径 6~8cm，高 3~6cm，深 1.5~3.0cm；巢沿一般都有一凹陷处，是亲鸟尾放置处。巢筑好后 5~7 天即开始产卵。每年产 1 窝，每窝产卵 2~3 枚。卵长椭圆形、白色、光滑无斑，大小为（24.2~28.0mm）×（15.2~17.0mm），重 3~4g。第 1 枚卵产出后即开始孵卵，由雌鸟承担，雄鸟在孵卵期间常衔食喂雌鸟，孵化期为 20~23 天。雏鸟晚成性，刚孵出时体重仅 3.1g，体长 27.3mm，全身赤裸无羽，体色灰黑色，仅背、胁和腹侧被少许绒羽，经亲鸟 33 天的喂养，幼鸟即可离巢飞翔。

居留型 夏候鸟（S）。

保护与濒危等级 《中国生物多样性红色名录》无危（LC）；《IUCN 红色名录》无危（LC）。

保护区相关记录 首次记录为第一次综合科考（1984）。翁少平（2014）、张雁云（2017）也有记录。

24 小白腰雨燕 小雨燕

Apus nipalensis (Hodgson, 1837)

目 夜鹰目 CAPRIMULGIFORMES
科 雨燕科 Apodidae

英文名 Little Swift

形态特征 小型鸟类，体长 11~14cm。雌、雄相似。额、头顶、后颈和头侧灰褐色，背和尾黑褐色，微带蓝绿色光泽。尾为平尾，中间微凹。腰白色，羽轴褐色，尾上覆羽暗褐色，具铜色光泽。翼较宽阔，呈烟灰褐色。肩灰褐色，三级飞羽微带光泽。颊淡褐色。其余下体暗灰褐色。尾下覆羽灰褐色。幼鸟与成鸟相似，但头部灰褐色稍淡，具淡灰褐色羽缘，下体暗褐色，具灰白色羽缘和微具光泽；腰、颏、喉羽干纹不明显。虹膜暗褐色；嘴黑色；脚和趾黑褐色，跗跖前面被羽，灰褐色 。

栖息环境 主要栖息于开阔的林区、城镇、悬崖和岩石海岛等各类生境中。

生活习性 成群栖息和活动，有时亦与家燕混群飞翔。飞翔快速，常在快速振翅飞行一阵之后又伴随着一阵滑翔，两者交替进行。在傍晚至午夜和清晨会发出比较尖的鸣叫声。其活动范围较广，从村镇附近至高山密林都见该鸟活动。雨后多见集群飞于溶洞地区，有时绕圈子动作整齐。鸣声特别嘹亮，发出“嗞 – 嗞 – 嗞”的叫声。飞行中捕食，主要以膜翅目等昆虫为食。

地理分布 保护区记录于黄桥。浙江省内见于杭州、宁波、台州、衢州、温州、丽水。国内分布于浙江、山东、云南南部和西北部、四川、贵州、江苏、上海、福建、广东、香港、澳门、广西、海南。

繁殖 繁殖期在 3—5 月。常成对或成小群在一起营巢繁殖，雌、雄共同营巢。巢筑于峭壁、洞穴、建筑物的房屋墙壁与天花板上，用植物细纤维、禾草、羽毛、芦苇花絮和泥土为材料，加亲鸟口涎或湿泥混合筑成。巢呈碟状、杯状、球状或椭圆状等，视营巢环境而变化，通常柔软而发亮，稍带黏性，外径 12~20cm，内径 7~10cm。每窝产卵 2~4 枚。卵的大小为（21~26mm）×（14~16mm）。雌、雄亲鸟轮流孵卵。

居留型 留鸟（R）。

保护与濒危等级 《中国生物多样性红色名录》无危（LC）;《IUCN 红色名录》无危（LC）。

保护区相关记录 2020 年科考新增物种。

25 红翅凤头鹃 冠郭公、红翅凤头郭公

Clamator coromandus (Linnaeus, 1766)

目 鹃形目 CUCULIFORMES
科 杜鹃科 Cuculidae

英文名 Chestnut-winged Cuckoo

形态特征 大型棕色杜鹃，体长 35~42cm。嘴侧扁，嘴峰弯度较大。头上有长的黑色羽冠；头顶、头侧及枕部黑色且具蓝色金属光泽；后颈白色，形成 1 个半领环，中央布有灰色斑；肩、上背、内侧飞羽及覆羽为带有光泽的暗绿色；下背、尾上覆羽转为蓝黑色，中央尾羽略带紫色，外侧尾羽末端白色；飞羽除内侧数枚外，其余大多为栗红色，翅端灰褐色。颏、喉、上胸和翼下覆羽橙栗色；下胸、上腹白色，下腹和下胁烟灰色；尾下覆羽紫黑色。雌鸟与雄鸟体色相似。幼鸟上体褐色，具棕色端缘，下体白色。虹膜淡红褐色；上嘴角黑色，下嘴基部淡黄色；跗跖、爪蓝灰褐色。

栖息环境 主要栖息于低山丘陵和山麓平原等开阔地带的疏林、灌木林中，也活动于园林和宅旁树上。

生活习性 多单独或成对活动，常活跃于高而暴露的树枝间，不似一般杜鹃那样喜欢藏匿于茂密的枝叶丛中。飞行快速，但不持久。鸣声清脆，似“ku-kuk-ku”声，不断以三声或二声反复鸣叫。杂食性，主要以白蚁、毛虫、甲虫等昆虫为食，偶尔吃植物果实。

地理分布 保护区记录于新桥、双坑口、上芳香、乌岩尖。浙江省各地广布。国内分布于浙江、北京、天津、河北、山东、河南、山西、陕西南部、甘肃、云南、四川东部、重庆、贵州、湖北、湖南、安徽、江西、江苏、上海、福建、广东、香港、澳门、广西、海南、台湾。

繁殖 繁殖期 5—7 月。4 月即见有求偶活动。求偶时雄鸟尾羽略张开，两翅也半张开且向两侧耸起，围绕雌鸟碎步追逐。自己不营巢，通常将卵产于画眉、黑脸噪鹛和鹊鸲巢中。卵近圆形，蓝色，大小为（25~30mm）×（20~24mm）。

居留型 夏候鸟（S）。

保护与濒危等级 浙江省重点保护野生动物；《中国生物多样性红色名录》无危（LC）；《IUCN 红色名录》无危（LC）。

保护区相关记录 首次记录为翁少平（2014）。张雁云（2017）也有记录。

26 大鹰鹃 鹰鹃

Hierococcyx sparverioides (Vigors, 1832)

目 鹃形目 CUCULIFORMES
科 杜鹃科 Cuculidae

英文名 Large Hawk-cuckoo

形态特征 大型灰褐色杜鹃，体长 35~42cm。体形与羽色酷似苍鹰，故称“鹰鹃”。雄鸟夏羽额、头顶、头侧以及后颈为暗灰色；眼前有灰白纹；肩、背至尾上覆羽灰褐色；飞羽灰褐色略浅于背；尾羽黑褐色，末端有浅褐色窄缘，尾羽有 3 条宽窄不一的浅褐色横斑，基部有白斑块；初级飞羽的外翈缘有模糊的褐斑点，内翈有白斑，外缘以浅色边。颏灰黑色；喉灰白并有灰色羽干纹；喉后至前胸栗色，杂有多条较宽的灰色羽干纹；胸、腹白色，有宽灰褐色横斑，横斑上沾有栗色；翼下覆羽的横斑细窄；尾下覆羽纯白色或杂有小斑。雌鸟与雄鸟相似。虹膜黄色至橙黄色；嘴黑褐色，下嘴端部和嘴裂淡角绿色；跗跖橙黄色，爪淡黄色。

栖息环境 栖息于山地森林中，亦出现于山麓平原树林地带。

生活习性 常单独活动于山林中的高大乔木上，有时亦见于近山平原。喜隐蔽于枝叶间鸣叫，繁殖期常彻夜狂叫不休。鸣声清脆响亮，三声一度，略似“ter-da-a”，音调先低后高。但常常闻其声而不见其形，有时会突然从鸣叫处的枝叶间跃出，在一阵快速拍翅飞行后滑翔一段，加上羽色类似雀鹰，常被误认为是雀鹰，使其他小鸟慌乱。主要以昆虫为食，特别是鳞翅目幼虫、蝗虫、蚂蚁和鞘翅目昆虫，亦吃果类。

地理分布 保护区记录于上芳香、丁步头、石佛岭、乌岩尖等地。浙江省各地广布。国内分布于浙江、北京、河北北部、山东、河南南部、山西、陕西南部、内蒙古、甘肃东南部、西藏、云南、四川、重庆、贵州、湖北、湖南、安徽、江西、江苏、上海、广东、香港、澳门、广西、海南、台湾。

繁殖 繁殖期 4—7 月。自己不营巢，常将卵产于钩嘴鹛、喜鹊等鸟巢中。每窝产 1~2 枚卵。卵为橄榄灰色，密布褐色细斑，大小平均为 19mm × 26mm，重 4.6g。

居留型 夏候鸟（S）。4—10 月可见。

保护与濒危等级 浙江省重点保护野生动物；《中国生物多样性红色名录》无危（LC）；《IUCN 红色名录》无危（LC）。

保护区相关记录 首次记录为第一次综合科考（1984）。翁少平（2014）、张雁云（2017）也有记录。

27 四声杜鹃

Cuculus micropterus Gould, 1838

目 鹃形目 CUCULIFORMES
科 杜鹃科 Cuculidae

英文名 Indian Cuckoo

形态特征 中型偏灰色杜鹃，体长 31~34cm。雄鸟头顶至后颈暗灰色；眼先灰白色；上体余部土褐色；尾羽色较背深，末端棕白色，近末端有宽阔黑斑，羽干两侧及羽缘布有棕白色斑点，外侧尾羽缘斑扩大成黑白相间的横纹状；初级飞羽暗褐色，内翈有 1 列白色横斑；次级飞羽色稍淡，内翈白色横斑数目较少。颏、喉及上胸灰白略沾棕色；下体余部乳白色，带褐色横斑，尾下覆羽横纹稀短，腋羽和翼下覆羽横纹细窄。雌鸟喉部及头顶褐色，胸沾棕色，其余羽色与雄鸟相似。虹膜暗褐色，眼睑铅绿色；上嘴角黑褐色，基部较淡，下嘴角绿色，嘴角处较黄；跗跖黄褐色，爪褐色。

栖息环境 栖息于山地森林和山麓平原地带的森林中，尤以混交林、阔叶林和林缘疏林地带活动较多，有时也出现于农田边树上。

生活习性 常单独或成对活动。游动性较大，无固定的居留地。性机警，受惊后迅速起飞。飞行速度较快，每次飞行距离也较远。非常隐蔽，往往只听到其从树丛中发出的鸣叫声而看不见鸟。鸣声洪亮，四声一度，叫声似“gue-gue-gue-guo”，每度相隔 2~3 秒，常从早到晚经久不息，尤以天亮时为甚，其鸣叫的高潮期直延至 7 月。杂食性，主要以昆虫为食，尤其喜吃鳞翅目幼虫，有时也吃植物种子等少量植物性食物。

地理分布 保护区记录于双坑口。浙江省各地广布。除新疆、西藏、青海外，分布于国内各省份。

繁殖 繁殖期 5—7 月。自己不营巢，通常将卵产于雀形目鸟类巢中，由义亲代孵代育，其寄主主要有大苇莺、灰喜鹊、黑卷尾、黑喉石鹏等。

居留型 夏候鸟（S）。5—9 月可见。

保护与濒危等级 浙江省重点保护野生动物；《中国生物多样性红色名录》无危（LC）；《IUCN 红色名录》无危（LC）。

保护区相关记录 首次记录为翁少平（2014）。张雁云（2017）也有记录。

28 中杜鹃 筒鸟、中喀咕、山郭公

Cuculus saturatus Blyth, 1843

目 鹃形目 CUCULIFORMES
科 杜鹃科 Cuculidae

英文名 Himalayan Cuckoo

形态特征 中型灰色杜鹃，体长25~34cm。雄鸟额、头顶至后颈暗灰色；背、腰至尾上覆羽色较深。飞羽灰褐色，羽干黑褐色；外侧飞羽的内圈有白色横斑或点状斑，基部有白斑；内侧飞羽仅内翈基部白色。尾黑褐色，末端白色，沿羽干两侧及羽缘有小白斑，最外侧尾羽的小白斑较大；翼缘白色无斑纹。颏、喉浅灰色；前胸浅灰色沾棕色；后胸、腹、胁灰白色沾浅棕色，并带有黑褐色横纹，其宽度大于大杜鹃；尾下覆羽浅棕色，基部有宽横纹，远端较稀疏。雌鸟（棕色型）上体（包括翼和尾羽）呈栗色，中腰和尾上覆羽色更浓，密布不规则黑褐色横纹；飞羽、尾羽末端黑褐色，尾羽羽干两侧有白斑。下体带有黑褐色横纹；尾下覆羽横纹较稀疏。幼鸟个体略小于成鸟；上体自头顶至尾上覆羽及飞羽各羽端有白色细纹；尾羽末端白色，沿羽干两侧有长形白斑；下体色纹与肝色型雌鸟相似。虹膜褐黄色；上嘴黑褐色，下嘴基部灰白色；跗跖皮黄色，爪黑褐色。

栖息环境 栖息于山地针叶林、针阔叶混交林和阔叶林等茂密的森林中，偶尔也出现于山麓平原人工林和林缘地带。

生活习性 不集群，常单独生活。飞翔迅速、无响声。多站在高大而茂密的树上不断鸣叫。有时也边飞边叫和在夜间鸣叫。鸣声低沉、单调，为二音节一度，其声似“嘣–嘣”。较隐匿，常常仅闻其声。主要以昆虫为食，尤其喜食鳞翅目幼虫和鞘翅目昆虫。

地理分布 保护区记录于新桥。浙江省内见于湖州、杭州、温州、丽水。国内分布于浙江、北京、天津、河北、山东、山西、陕西、内蒙古、云南、四川、重庆、贵州、湖北、湖南、安徽、江西、江苏、上海、福建、广东、香港、澳门、广西、海南。

繁殖 繁殖期为5—7月。繁殖期鸣声频繁。无固定配偶，也不自己营巢和孵卵，常将卵产于短翅树莺、灰脚柳莺、冠纹柳莺、冕柳莺、灰头鹪莺、缝叶莺、白喉短翅莺、灰背燕尾、黄喉鹀、树鹨等雀形目鸟类巢中，由这些鸟代孵代育。卵的颜色也常随寄主变化，大小也明显不同，多为（19~25mm）×（12~16mm），其卵的孵化期多较寄主卵短。

居留型 夏候鸟（S）。4—10月可见。

保护与濒危等级 浙江省重点保护野生动物；《中国生物多样性红色名录》无危（LC）；《IUCN红色名录》无危（LC）。

保护区相关记录 首次记录为第一次综合科考（1984）。翁少平（2014）、张雁云（2017）也有记录。

29 小杜鹃

Cuculus poliocephalus Latham, 1790

目 鹃形目 CUCULIFORMES
科 杜鹃科 Cuculidae

英文名 Lesser Cuckoo

形态特征 小型灰色杜鹃，体长24~26cm。雄鸟额、头顶、后颈至上背暗灰色；下背和翅上小覆羽灰色沾蓝褐色；腰及尾上覆羽蓝黑色。尾羽黑褐末端白色，两侧有白点，羽干两侧有不对称白点；外侧尾羽内缘有1列似三角形白点，最外侧尾羽白点扩大成横斑。飞羽暗褐色，外侧飞羽基部白色，内翈有1列大小不等的白色横斑；次级飞羽内翈基部白色。颏灰色沾棕色，喉银灰色，前胸灰色沾栗棕色；胸、腹羽浅棕白色，有不连续的褐黑色横斑，有的呈V形；尾下覆羽浅棕色，不带横纹或只有稀疏斑点；腋羽亦有细横纹。雌鸟额、头顶至枕褐色；后颈、颈侧棕色，杂以褐色；上胸两侧棕色，杂以黑褐色横斑，上胸中央棕白色，杂以黑褐色横斑。虹膜褐色或灰褐色，眼睑黄色；上嘴黑色，下嘴基部皮黄色；跗跖、爪均为暗黄色。

栖息环境 主要栖息于低山丘陵、林缘地边、河谷次生林和阔叶林中，有时亦出现于路旁、村庄附近的疏林和灌木林。

生活习性 性孤独，常单独活动。喜藏匿，常躲藏在茂密的枝叶丛中鸣叫，尤以清晨和黄昏鸣叫频繁，有时夜间也鸣叫。每声鸣叫有6个音节组成，其声似“有钱打酒喝喝”，反复不断，清脆有力。飞行迅速，常低飞，每次飞翔距离较远。无固定栖息地，常在1个地方栖息几天又迁至他处。主要以昆虫为食，尤其是鳞翅目幼虫，偶尔吃植物果实和种子。

地理分布 保护区记录于双坑口、乌岩尖。浙江省各地广布。除宁夏、新疆、青海外，分布于国内各省份。

繁殖 繁殖期5—7月。自己不营巢和孵卵，通常将卵产于鹪鹩、白腹蓝鹟、柳莺和画眉亚科等鸟类巢中，由别的鸟代孵代育。卵白色或粉白色，直径为14~21mm。

居留型 夏候鸟（S）。

保护与濒危等级 浙江省重点保护野生动物;《中国生物多样性红色名录》无危（LC）;《IUCN红色名录》无危（LC）。

保护区相关记录 首次记录为第一次综合科考（1984）。翁少平（2014）、张雁云（2017）也有记录。

30 大杜鹃 布谷鸟、子规

Cuculus canorus Linnaeus, 1758

目 鹃形目 CUCULIFORMES
科 杜鹃科 Cuculidae

英文名 Common Cuckoo

形态特征 中型杜鹃，体长 28~37cm。雌、雄羽色近似。雄鸟额基灰色沾淡棕色；头顶至尾上覆羽暗灰色；外侧覆羽及飞羽暗褐灰色，羽干黑褐色；初级飞羽末端色浅，内翈近羽缘有 1 列白色横斑；次级飞羽仅内翈基部有白斑；翼缘白色，杂以灰褐色斑。尾黑色，末端白色；中央尾羽羽干两侧有对称白色斑，羽缘有许多小白点；外侧尾羽的羽干和外翈边缘有小白斑。颏、喉、颈侧、上胸淡灰色；胸、腹、腋和胁羽白色，有不规则半环状黑褐色细窄横纹；尾下覆羽的横纹较宽而稀。雌鸟上体比雄鸟色更深，下体横纹更细窄，喉、颈、上胸两侧也带有横纹。幼鸟头顶、后颈、背及翅黑褐色，各羽均具白色端缘，形成鳞状斑，以头、颈、上背为细密，下背和两翅较疏阔；飞羽内侧具白色横斑；腰及尾上覆羽暗灰褐色，具白色端缘；尾羽黑色且具白色端斑，羽轴及两侧具白色斑块，外侧尾羽白色块斑较大。颏、喉、头侧及上胸黑褐色，杂以白色块斑和横斑；其余下体白色，杂以黑褐色横斑。虹膜深黄色；嘴黑褐色，下嘴基部浅黄色；跗跖棕黄色，爪黄褐色。

栖息环境 栖息于山地、丘陵和平原地带的森林中，有时也出现于农田和居民点附近高的乔木上。

生活习性 性孤独，常单独活动。飞行快速而有力，常循直线前进，飞行时两翅振动幅度较大，但无声响。繁殖期喜欢鸣叫，常站在乔木顶枝上鸣叫不息，有时晚上也鸣叫或边飞边鸣叫。叫声凄厉、洪亮，很远便能听到它“布谷 – 布谷 –”的粗犷而单调的声音，每分钟可反复叫 20 余次。主要以松毛虫及其他鳞翅目幼虫为食，也吃蝗虫、步行甲、叩甲、蜂等其他昆虫。

地理分布 保护区记录于双坑口。浙江省各地广布。国内分布于浙江、北京、天津、河北、山东、河南南部、山西、陕西南部、西藏东南部、青海东南部、云南、四川、重庆、贵州、湖北、湖南、安徽、江西、江苏、上海、福建、广东、澳门、广西、海南。

繁殖 繁殖期 5—7 月。求偶时雌、雄鸟在树枝上跳来跳去、飞上飞下互相追逐，并发出“呼 – 呼 –”的低叫声；也有多只大杜鹃在一起追逐争偶的现象，无固定配偶。不自己营巢和孵卵，而是将卵产于大苇莺、麻雀、灰喜鹊、伯劳、棕头鸦雀、北红尾鸲、棕扇尾莺等各类鸟类巢中，由这些鸟代孵代育。

居留型 夏候鸟（S）。

保护与濒危等级 浙江省重点保护野生动物;《中国生物多样性红色名录》无危（LC）;《IUCN 红色名录》无危（LC）。

保护区相关记录 首次记录为第一次综合科考（1984）。翁少平（2014）、张雁云（2017）也有记录。

31 噪鹃 鬼郭公

Eudynamys scolopaceus (Linnaeus, 1758)

目 鹃形目 CUCULIFORMES
科 杜鹃科 Cuculidae

英文名 Common Koel

形态特征 大型杜鹃，体长 37~43cm。雌、雄异色。雄鸟全身以黑色为主，背面泛蓝色光泽，下体略染褐色，胸部带有金属光泽。雌鸟色斑与雄鸟明显不同，上体暗褐色，泛橄榄绿色，带有金属光泽，密布白色或浅黄色斑点、横纹；头中部斑点为浅黄白色，略成条纹状；上背及两翅多横斑状；尾羽上的白斑呈弧状。下体的颏至前胸暗褐色，其中的白斑点大而密；胸、腹及尾下覆羽白色，密布不规则黑褐色横斑。虹膜深红色；嘴白色至土黄色或浅绿色，基部较灰暗；跗跖、爪暗绿色。

栖息环境 栖息于山地、丘陵、山脚平原地带林木茂盛的地方，茂密的红树林、次生林、森林、园林及人工林中。一般多栖息在海拔 1000m 以下，也常出现在村寨和耕地附近的高大树上。

生活习性 多单独活动。常隐蔽于大树顶层茂盛的枝叶丛中，一般仅能听其声而不见影，若不鸣叫，一般很难发现。鸣声嘈杂、清脆而响亮，通常越叫越高越快，至最高时又突然停止，鸣声似“Ko-el”声，双音节，常不断反复鸣叫，若有干扰，立刻飞至另一棵树上再叫。杂食性，主要以榕树、芭蕉和无花果等植物果实、种子为食，也吃毛虫、蝗虫、甲虫等昆虫。它的食性明显较其他杜鹃复杂。

地理分布 在保护区记录于木岱山。浙江省内见于杭州、绍兴、宁波、衢州、温州、丽水。国内分布于浙江、北京、河北、山东、河南、陕西南部、甘肃、西藏西部和南部、云南、四川、重庆、贵州、湖北、湖南、安徽、江西、江苏、上海、福建、广东、香港、澳门、广西、台湾。

繁殖 繁殖期 3—8 月。自己不营巢和孵卵，通常将卵产在黑领椋鸟、喜鹊和红嘴蓝鹊等鸟巢中，由别的鸟代孵代育。

居留型 夏候鸟（S）。4—10 月可见。

保护与濒危等级 浙江省重点保护野生动物；《中国生物多样性红色名录》无危（LC）；《IUCN 红色名录》无危（LC）。

保护区相关记录 首次记录为翁少平（2014）。张雁云（2017）也有记录。

32 小鸦鹃 小毛鸡、小雉喀咕

Centropus bengalensis (Gmelin, JF, 1788)

目 鹃形目 CUCULIFORMES
科 杜鹃科 Cuculidae

英文名 Lesser Coucal

形态特征 中型棕色和黑色鸦鹃，体长 30~40cm。雌、雄同色。成鸟头、颈、上背及下体黑色，带深蓝色光泽，有的个体带有暗棕色横斑或狭形、近白色羽端斑点；下背及尾上覆羽淡黑色，尾上覆羽有蓝色金属光泽；肩及其内侧与翅同为栗色，翅端及内侧次级飞羽较暗褐色，显露出淡栗色的羽干。幼鸟头、颈及上背暗褐色，各羽有白色的羽干和棕色的羽缘；腰至尾上覆羽为棕色和黑色横斑相间状；尾淡黑色并带有棕色羽端，中央尾羽更有棕白色横斑；下体淡棕白色，羽干色淡，胸、胁色较暗；翅同成鸟，但翼下覆羽淡栗色，且杂以暗色细斑。虹膜深红色（幼鸟黄褐到淡苍褐色）；嘴黑色（幼鸟嘴角黄色，仅嘴基及尖端较黑）；脚铅黑色。

栖息环境 栖息于低山丘陵和开阔的山脚平原地带的灌丛、草丛、果园、次生林中。

生活习性 常单独或成对活动。性机警、喜隐蔽，稍受惊动，即奔入密丛深处，甚少见它飞往树上，常在地面活动。鸣叫声较尖而清脆，有时很急促。鸣叫声为几声深沉空洞的“hoop”声，或一连串的“kroop-kroop-kroop”声。杂食性，主要以蝗虫、蝼蛄、金龟甲、蝽象、白蚁、螳螂、螽斯等昆虫和其他小型动物为食，也吃少量植物果实与种子。

地理分布 保护区记录于三插溪。浙江省各地广布。国内分布于浙江、河北、河南南部、陕西、云南、贵州南部、湖北、湖南、安徽南部、江西、江苏、上海、福建、广东、香港、澳门、广西、海南、台湾。

繁殖 繁殖期 3—8 月。营巢于茂密的灌木丛、矮竹丛和其他植物丛中，巢通常置于灌木或小树枝杈上，距离地面的高度大约为 1m。巢主要以菖蒲、芒草和其他干草构成，形状为球形或椭圆形，大小为内径 11cm × 17cm，外径 20cm × 28cm，高 6.5cm。每窝产卵 3~5 枚。卵为卵圆形，白色无斑，大小为（25~34mm）×（21~25mm）。

居留型 留鸟（R）。

保护与濒危等级 国家二级重点保护野生动物；《中国生物多样性红色名录》无危（LC）；《IUCN 红色名录》无危（LC）。

保护区相关记录 2020 年科考新增物种。

33 普通秧鸡 紫面秧鸡

Rallus indicus Blyth, 1849

目 鹤形目 GRUIFORMES
科 秧鸡科 Rallidae

英文名 Brown-cheeked Rail

形态特征 小型涉禽，体长 24~28cm。雌、雄相似。雄鸟额、头顶至后颈黑褐色，羽缘橄榄褐色；背、肩、腰、尾上覆羽橄榄褐色，缀以黑色纵纹。眉纹灰白色，穿眼纹暗褐色。飞羽暗褐色，初级飞羽上无白色横纹。外侧翅上覆羽橄榄褐色，羽端微具白色斑纹或端斑。颏白色，头侧至胸石板灰色，两胁和尾下覆羽黑褐色有白色横纹。腹中央灰黑色，有淡褐色的羽端斑纹。雌鸟体羽颜色较暗，颏和喉均为白色，头侧和颈侧的灰色面积较小。幼鸟上体较暗，头和下体皮黄色或白色，其上有褐色至黑色条纹，两胁皮黄色且有暗褐色至黑色条纹，尾下覆羽皮黄色。虹膜红褐色；嘴几近红色，嘴峰角褐色，先端灰绿色；脚肉黄褐色或肉褐色。

栖息环境 栖息于开阔平原、低山丘陵、山脚平原地带的沼泽、水塘、河流、湖泊等水域岸边及其附近的灌丛、草地、林缘、水稻田中，也可生活在农田的排水沟、小块湿地、碎石坑。

生活习性 性甚隐秘，单独或小群行动，见人迅速逃匿。在迁飞和越冬时，行动轻快敏捷，能在茂密的草丛中快速奔跑。也善游泳和潜水，但飞行的时候不多，被迫飞行时也是紧贴地面低空飞行，且飞不多远又落入草丛中，飞行时两脚悬垂于身体下面。杂食性；动物性食物有小鱼、甲壳动物、环节动物、软体动物、蜘蛛、昆虫，也吃被杀死或腐烂的小型脊椎动物；植物性食物有嫩枝、根、种子、果实，秋冬季节吃的植物性食物较多。在旱地或水边的泥地中觅食，也在浅水中涉水，吃水面和水中的食物，有时边游泳边取食，很少潜水取食，能跳起捕食植物上的昆虫。

地理分布 保护区记录于黄桥。浙江省内见于嘉兴、杭州、绍兴、宁波、台州、衢州、温州、丽水。除新疆、西藏、海南外，分布于国内各省份。

繁殖 繁殖期为 5—7 月。一雌一雄制。通常营巢于湖泊、水塘、河流岸边地上草丛或芦苇丛中，也在沼泽地上营巢，特别喜欢在芦苇沼泽地上营巢。巢由枯草茎和草叶构成，甚为隐蔽。巢的形状为盘状，大小为外径 16~25cm，内径 13~19cm，深 7~8cm。每窝产卵 5~10 枚。卵淡赭色或淡棕色，其上被红褐色斑，大小为（32~39mm）×（24~27mm）。通常 1 天产卵 1 枚，卵产齐后即开始孵卵。孵卵由雌、雄亲鸟轮流承担，孵化期 19~20 天。

居留型 冬候鸟（W）。

保护与濒危等级 《中国生物多样性红色名录》无危（LC）；《IUCN 红色名录》无危（LC）。

保护区相关记录 2020 年科考新增物种。

34 白胸苦恶鸟 白胸秧鸡、白面鸡、白腹秧鸡

Amaurornis phoenicurus (Pennant, 1769)

目 鹤形目 GRUIFORMES
科 秧鸡科 Rallidae

英文名 White-breasted Waterhen

形态特征 中型涉禽，体长 26~35cm。上体暗石板灰色，两颊、喉以至胸、腹均为白色，与上体形成黑白分明的对照。下腹和尾下覆羽栗红色。成鸟两性相似，雌鸟稍小。头顶、枕、后颈、背和肩暗石板灰色，沾橄榄褐色，并微着绿色光辉。两翅和尾羽橄榄褐色，第1枚初级飞羽外翈具白缘。额、眼先、两颊、颏、喉、前颈、胸至上腹中央均白色，下腹中央白色且稍沾红褐色，下腹两侧、肛周和尾下覆羽红棕色。幼鸟面部有模糊的灰色羽尖，上体的橄榄褐色多于石板灰色。虹膜红色；嘴黄绿色，上嘴基部橙红色；脚黄褐色。

栖息环境 栖息于沼泽、溪流、水塘、水稻田和湖边沼泽地带，也出现于水域附近的灌丛、竹丛、疏林、甘蔗地和村庄附近有植物隐蔽的水体中。

生活习性 常单独或成对活动，偶尔集成 3~5 只的小群。多在清晨、黄昏和夜间活动。性机警、隐蔽，白天常躲藏在芦苇丛或草丛中。晨昏和晚上活动时常伴随着清脆的鸣叫，发情期和繁殖期常彻夜鸣叫，鸣声似“苦恶、苦恶”，单调重复，清晰嘹亮。善行走，行走时轻快、敏捷，头、颈前后伸缩，尾上下摆动，有时也在水中游泳。飞翔力差，平时很少飞翔，受惊后多奔跑隐入草丛中，迫不得已时飞行 10 余米又落入草丛，起飞笨拙，急速扇翅。杂食性；动物性食物有昆虫、螽虫、鼠、软体动物、蜘蛛、小鱼等；植物性食物有稗、谷、大麦、小麦、芦苇等植物叶、茎、花和种子；还取食砂砾。

地理分布 保护区记录于三插溪。浙江省各地广布。国内分布于浙江、黑龙江、吉林、北京、天津、河北、山东、河南、山西、陕西南部、宁夏、甘肃、西藏东南部、青海、云南、四川、重庆、贵州、湖北、湖南、安徽、江西、江苏、上海、福建、广东、香港、澳门、广西、海南、台湾。

繁殖 繁殖期 4—7 月。单配制，繁殖期维持配对关系，有明显的领域性。营巢于水域附近的灌木丛、草丛或灌水的水稻田内，用芦苇、茭白、菖蒲或稻叶缠成，巢内垫细草、植物纤维及羽毛等，呈浅盘状或杯状，常距水面 0.5~1.0m，有的远离水边。巢外径约 26cm，内径约 14cm，高约 27cm，深 6~12cm。5 月下旬至 6 月上旬产卵，每次产 4~10 枚，通常 5 枚。卵呈椭圆形，淡黄褐色，密布深黄褐色或紫色斑点，大小约为 42mm × 38mm，重约 23.5g。孵化期 16~20 天，两性轮流孵卵、喂养和照顾雏鸟，雏鸟常由亲鸟带领活动。

居留型 夏候鸟（S）。

保护与濒危等级 《中国生物多样性红色名录》无危（LC）；《IUCN 红色名录》无危（LC）。

保护区相关记录 2020 年科考新增物种。

35 黑水鸡 江鸡、红骨顶

Gallinula chloropus (Linnaeus, 1758)

目 鹤形目 GRUIFORMES
科 秧鸡科 Rallidae

英文名 Common Moorhen

形态特征 中型涉禽，体长 24~35cm。雌、雄相似，雌鸟稍小。额甲鲜红色，端部圆形。头、颈及上背灰黑色，下背、腰至尾上覆羽和两翅覆羽暗橄榄褐色。飞羽和尾羽黑褐色，第 1 枚初级飞羽外翈及翅缘白色。下体灰黑色，向后逐渐变浅，羽端微缀白色；下腹羽羽端白色较大，形成黑白相杂的块斑；两胁具宽的白色条纹；尾下覆羽中央黑色，两侧白色。翅下覆羽和腋羽暗褐色，羽端白色。幼鸟上体棕褐色，飞羽黑褐色，头侧、颈侧棕黄色，颏、喉灰白色，前胸棕褐色，后胸及腹灰白色。虹膜红色。嘴端淡黄绿色，上嘴基部至额板深血红色，下嘴基部黄色。额板末端呈圆弧状，仅达前额。脚黄绿色，裸露的胫上部具宽阔的红色环带，爪黄褐色。

栖息环境 栖息于富有水生挺水植物的淡水湿地、沼泽、湖泊、水库、苇塘、水渠和水稻田中，也出现于林缘、路边水渠、疏林中的湖泊沼泽地带。一般不在咸水中生活，喜欢有树木或挺水植物遮蔽的水域，不喜欢很开阔的场所。

生活习性 常成对或成小群活动。善游泳和潜水，频频游泳和潜水于临近芦苇和水草边的开阔深水面上，遇人立刻游进芦苇丛或草丛，或潜入水中到远处再浮出水面，能潜入水中较长时间和潜行达 10m 以上，能仅将鼻孔露出水面进行呼吸而将整个身体潜藏于水下。

一般不起飞，不做远距离飞行，飞行速度缓慢，常常紧贴水面飞行，飞不多远又落入水中。白天活动和觅食，主要沿水生植物游泳，仔细搜查和啄食叶、茎上的昆虫或落入水中的昆虫，有时也在水边浅水处涉水取食。杂食性，主要吃水生植物嫩叶、幼芽、根茎以及水生昆虫、蜘蛛、软体动物等，以动物性食物为主。

地理分布 保护区记录于三插溪。浙江省各地广布。国内见于各省份。

繁殖 繁殖期为4—7月。雌、雄成对单独繁殖，有时也成松散的小群集中在1个水塘中繁殖，巢间距最近为1m。营巢于水边浅水处芦苇丛中或水草丛中，有时也在水边草丛中地上或水中小柳树上营巢，但周围均有芦苇或高草掩护，巢甚隐蔽。巢为碗状，紧贴于水面，但不是浮巢，而是贴着水面以弯折芦苇作为巢基，在其上用枯草堆集而成，内垫芦苇叶和草叶。巢的大小为外径20~27cm，内径10~15cm，深3~5cm，高15~20cm。每窝产卵通常为6~10枚。卵卵圆形和长卵圆形，浅灰白色、乳白色或赭褐色，带有红褐色斑点，大小为（29~31mm）×（10~45mm），重16~19g。通常每天产卵1枚。孵卵由雌、雄亲鸟轮流承担，孵化期19~22天。雏鸟早成性，刚孵出的雏鸟通体背有黑色绒羽，孵出的当天即能下水游泳。

居留型 留鸟（R）。

保护与濒危等级 《中国生物多样性红色名录》无危（LC）;《IUCN红色名录》无危（LC）。

保护区相关记录 2020年科考新增物种。

36 白骨顶 白冠鸡、骨顶鸡

Fulica atra Linnaeus, 1758

目 鹤形目 GRUIFORMES
科 秧鸡科 Rallidae

英文名 Common Coot

形态特征 中型黑色水禽，体长35~43cm。成鸟雌、雄相似。头具白色额甲，端部钝圆，雌鸟额甲较小。头和颈纯黑色并带有光泽，上体余部及两翅石板灰黑色，向体后渐沾褐色。初级飞羽黑褐色，第1枚初级飞羽外翈边缘白色，内侧飞羽羽端白色，形成明显的白色翅斑。下体浅石板灰黑色，羽色较浅，羽端苍白色；尾下覆羽黑色。幼鸟头侧、颏、喉及前颈灰白色，杂有黑色小斑点；头顶黑褐色，杂有白色细纹；上体余部黑色，稍沾棕褐色。虹膜红褐色；嘴尖灰色，基部淡粉色；腿、脚、趾及蹼橄榄色，爪黑褐色。

栖息环境 栖息于低山丘陵和平原草地的各类水域中，其中以富有芦苇、三棱草等挺水植物的湖泊、水库、水塘、苇塘、水渠、河湾和深水沼泽地带最为常见。

生活习性 除繁殖期外，常成群活动，特别是迁徙季节，常成数十只、甚至上百只的大群，偶尔见单只和小群活动，有时亦与其他鸭类混群栖息和活动。善游泳和潜水，大部分时间都游弋在水中。游泳时不时地晃动着身子和点头，尾下垂到水面。遇人时或是潜入水中，或是进入旁边的芦苇丛和水草丛中躲避，但不久即出来，危急时则迅速起飞，需在水面助跑后才能飞起，两翅扇动迅速，并发出“呼呼”声响，通常飞不多远又落下，而且多贴着水面或芦苇丛低空飞行。鸣声短促而单调，似“咔咔咔”，甚为嘈杂。杂食性，主要吃小鱼、虾，水生植物嫩叶、幼芽、果实，蔷薇等灌木浆果与种子，也吃各种昆虫、蜘蛛、马陆、软体动物、鸟卵和雏鸟。

地理分布 保护区记录于黄桥。浙江省各地广布。国内见于各省份。

繁殖 繁殖期5—7月。营巢于有开阔水面的水边芦苇丛和水草丛中。雌、雄共同营巢，最早在4月中下旬即见少数个体开始营巢，大量营巢在5月。巢系就地弯折芦苇或蒲草，搭于周围的芦苇或蒲草上，然后堆集一些截成小段的芦苇和蒲草即成，因此巢常常与周围的芦苇、水草缠在一起，而不是漂浮在水面，但它可随水面而升降。巢极为简陋，形状似一圆台，大小为外径27~46cm，内径14~27cm，高17~35cm，深4~8cm，露出水面高度为6~16cm。1年繁殖1窝，产卵时间较为集中，最早的于5月初产卵，大批在5月中下旬。1天产卵1枚，每窝产卵7~12枚。卵为尖卵圆形或梨形，青灰色、灰黄色或浅灰白色，略带绿色光泽，被棕褐色斑点，大小为（46~58mm）×（31~39mm），重30~45g。孵卵由雌、雄亲鸟轮流承担，孵化期24天。雏鸟早成性，刚出壳时全身被黑色绒羽，出壳当天即能游泳。

居留型 冬候鸟（W）。

保护与濒危等级 《中国生物多样性红色名录》无危（LC）；《IUCN红色名录》无危（LC）。

保护区相关记录 2020年科考新增物种。

37 长嘴剑鸻 剑鸻

Charadrius placidus Gray, JE & Gray, GR, 1863

目 鸻形目 CHARADRIIFORMES
科 鸻科 Charadriidae

英文名 Long-billed Plover

形态特征 小型涉禽，体长 18~22cm。雌、雄近似。夏羽额白色直抵嘴基部；白色眼纹向后延伸。头顶前部有较宽的黑斑，后部灰褐色；眼先和眼下的暗褐色窄带后延至耳羽；后颈的白色狭窄领环伸至颈侧与颏、喉的白色相连，其下部围绕一狭窄的黑色胸带；黑胸带在胸部变得稍微宽阔。背、肩、两翅覆羽、腰、尾上覆羽、尾羽灰褐色。尾羽近端部渲染黑色，外侧尾羽羽端白色。飞羽黑褐色，内侧初级飞羽和外侧次级飞羽有白色或灰白色边缘，与大覆羽羽端的白色共同形成淡淡的翅斑。胸、腹及翅下覆羽、腋羽、尾下覆羽皆纯白色。冬羽胸带经常是灰褐色，身体其他黑色部分也是如此，在更换羽期间，羽色灰暗，背羽和两翅覆羽具棕黄色羽缘。虹膜黑褐色，眼睑黄色，形成比较细的黄色眼圈；嘴黑色，下喙基部略有黄色；胫、跗跖和趾土黄色或肉黄色，爪黑色。

栖息环境 栖息于河流、湖泊、海岸、河口、水塘、水库岸边和沙滩上，也出现于水稻田和沼泽地带。

生活习性 喜集群活动，常以 3~5 只结成小群，也有几十只为群。在地上行走迅速，常沿水边边走边觅食。性机警，时而快速走几步再停下来观望一下，并发出“gia”的叫声，然后又快速走几步，边走边鸣叫，一有危险则立刻飞走。飞行快而急速，通常飞行高度不高。杂食性，主要以水生昆虫、蠕虫、甲壳动物及其他水生无脊椎动物为食，也取食草籽，水生植物的叶、芽、种子。

地理分布 保护区记录于三插溪。浙江省各地广布。除新疆外，分布于国内各省份。

繁殖 繁殖期 5—7 月。营巢于海岸、湖泊、河流等水域岸边沙石地上或河漫滩上。雌、雄成对繁殖，到达繁殖地后即开始求偶，少数在迁徙的途中即已成对。通常置巢于卵石地上凹坑内，无任何内垫物。每窝产卵 3~4 枚。卵呈圆锥形，黄色沾红色或灰色、绿灰色，被细小而不规则的黑色或红褐色斑点，大小为（33~39mm）×（24~27mm）。每天或隔天产卵 1 枚，卵产齐后开始孵卵，由雌、雄亲鸟共同承担，孵化期 25~27 天。

居留型 冬候鸟（W）。

保护与濒危等级 《中国生物多样性红色名录》近危（NT）；《IUCN 红色名录》无危（LC）。

保护区相关记录 2020 年科考新增物种。

38 金眶鸻 黑领鸻

Charadrius dubius Scopoli, 1786

目 鸻形目 CHARADRIIFORMES
科 鸻科 Charadriidae

英文名 Little Ringed Plover

形态特征 小型涉禽，体长 15~18cm。夏羽前额和眉纹白色，额基和头顶前部绒黑色，头顶后部和枕灰褐色，眼先、眼周和眼后耳区黑色，并与额基和头顶前部黑色相连。眼睑四周金黄色。后颈具一白色环带，向下与颏、喉部白色相连，此白环之后紧接一黑领围绕着上背和上胸，其余上体灰褐色或沙褐色。初级飞羽黑褐色，第 1 枚初级飞羽羽轴白色；中央尾羽灰褐色，末端黑褐色，外侧 1 对尾羽白色，内翈具黑褐色斑块。下体除黑色胸带外全为白色。冬羽额顶和额基黑色全被褐色取代，额呈棕白色或皮黄白色，头顶至上体沙褐色，眼先、眼后至耳覆羽以及胸带暗褐色。虹膜暗褐色，眼睑金黄色；嘴黑色；脚和趾橙黄色。

栖息环境 栖息于开阔平原和低山丘陵地带的湖泊、河流岸边及其附近的沼泽、草地、农田地带，也出现于沿海海滨、河口沙洲及其附近的盐田、沼泽地带。

生活习性 常单只或成对活动，偶尔也集成小群，特别是在迁徙季节和冬季。常活动在水边沙滩或沙石地上，活动时行走速度甚快，常边走边觅食，并伴随着单调而细弱的叫声。通常急速奔走一段距离后稍停，再向前走。主要吃鳞翅目、鞘翅目等昆虫，以及蜘蛛、甲壳动物、软体动物等无脊椎动物。

地理分布 保护区记录于三插溪。浙江省各地广布。除云南、贵州外，分布于国内各省份。

繁殖 繁殖期 5—7 月。营巢于河流、湖泊岸边、河心小岛及沙洲上，也见在海滨沙石地上或水稻田间地上营巢。巢多置于水边沙地或沙石地上，甚简陋，通常由亲鸟在沙地上刨 1 个圆形凹坑即成，或利用自然凹窝。巢内无任何内垫物，或垫少许枯草。5 月中下旬开始产卵，每年产 1 窝，每天产卵 1 枚，每窝产卵 3~5 枚。卵为梨形，沙黄色或鸭蛋绿色，被褐色斑点，大小为（28.5~33.5mm）×（21.0~24.0mm），重 7~9g。卵产齐后即开始孵卵，由雌鸟承担，雄鸟在巢附近警戒，孵化期 24~26 天。雏鸟早成性，出壳后不久即能行走，不到 1 个月即能随亲鸟飞行。

居留型 旅鸟（P）。

保护与濒危等级 《中国生物多样性红色名录》无危（LC）；《IUCN 红色名录》无危（LC）。

保护区相关记录 首次记录为张雁云（2017）。

39 丘鹬 山沙锥、山鹬

Scolopax rusticola Linnaeus, 1758

目 鸻形目 CHARADRIIFORMES
科 鹬科 Scolopacidae

英文名 Eurasian Woodcock

形态特征 中型涉禽，体长 32~42cm。前额灰褐色，杂有淡黑褐色及赭黄色斑。头顶和枕绒黑色，具 3~4 条不甚规则的灰白色或棕白色横斑，并缀有棕红色；后颈多呈灰褐色，有窄的黑褐色横斑，少数后颈缀有淡棕红色，并杂有黑色。上体锈红色，杂有黑色、黑褐色、灰褐色横斑和斑纹；上背和肩具大形黑色斑块。飞羽、覆羽概黑褐色，具锈红色横斑和淡灰黄色端斑，其中外侧颜色较深，内侧较淡，呈土黄色，且仅限于内侧羽缘。第 1 枚初级飞羽外侧羽缘淡乳黄色，下背、腰和尾上覆羽具黑褐色横斑。尾羽黑褐色，内、外侧均具锈红色锯齿形横斑，羽端表面淡灰褐色，下面白色。头两侧灰白色或淡黄白色，杂有少许黑褐色斑点；自嘴基至眼有 1 条黑褐色条纹。颏、喉白色，其余下体灰白色，略沾棕色，密布黑褐色横斑。腋羽灰白色，密被黑褐色横斑。虹膜深褐色；嘴蜡黄色，尖端黑褐色；脚灰黄色或蜡黄色。

栖息环境 栖息于阴暗潮湿、林下植物发达、落叶层较厚的阔叶林和混交林中，有时也见于林间沼泽、湿草地和林缘灌丛地带，迁徙期间和冬季也见于开阔平原和低山丘陵地带的山坡灌丛、竹林、甘蔗田和农田地带。

生活习性 性孤独，常单独生活，不喜集群。多夜间活动，白天常隐伏在林中或草丛中，夜晚和黄昏才到附近的湖畔、河边、稻田和沼泽地上觅食。遇到危险时被迫从地下惊起，也常常只飞很短距离就又落入地上草丛或灌丛中隐伏不出。飞行时嘴朝下，飞行快而灵巧，能在飞行中不断变换方向穿梭于树林中，但飞行时显得笨重，身子摇晃不定。少鸣叫，仅起飞时鸣叫。觅食多在晚上、黎明和黄昏，觅食时将长嘴插入潮湿泥土中，并摆动头部，也直接在地面啄食。主要以鞘翅目、双翅目、鳞翅目等昆虫及蚯蚓、蜗牛等小型无脊椎动物为食，有时也食植物根、浆果和种子。

地理分布 保护区记录于洋溪。浙江省各地广布。国内见于各省份。

繁殖 繁殖期为 5—7 月。到达繁殖地后不久雄鸟即开始求偶飞行。通常多在黎明和傍晚，雄鸟即在森林上空振翅飞翔，并发出婉转多变的鸣声向雌鸟求爱，然后落到地上进行交配。交配后雄鸟和雌鸟待在一起，直到雌鸟开始孵卵。营巢于阔叶林和针阔叶混交林中，通常置巢于灌木或树桩下、倒木下，也常置巢于草丛中。巢由雌鸟建造，通常利用小灌木旁的枯枝落叶作巢基，扒成一圆形小坑，然后铺垫以干草和树叶即成；巢的直径为 15cm 左右。每窝产卵 3~5 枚。卵为梨形和卵圆形，赭色或暗沙粉红色，被锈色或暗棕红色斑点，大小为（42~44mm）×（31~34mm）。雌鸟负责孵卵，孵化期 22~24 天。

居留型 冬候鸟（W）。

保护与濒危等级 《中国生物多样性红色名录》无危（LC）;《IUCN 红色名录》无危（LC）。

保护区相关记录 2020 年科考新增物种。

40 白腰草鹬

Tringa ochropus Linnaeus, 1758

目 鸻形目 CHARADRIIFORMES
科 鹬科 Scolopacidae

英文名 Green Sandpiper

形态特征 小型涉禽，体长20~24cm。前额、头顶、后颈黑褐色，具白色纵纹。上背、肩、翅覆羽和三级飞羽黑褐色，羽缘具白色斑点。下背和腰黑褐色，微具白色羽缘；尾上覆羽白色，尾羽亦为白色，除外侧1对尾羽全为白色外，其余尾羽具宽阔的黑褐色横斑，横斑数目自中央尾羽向两侧逐渐递减。初级飞羽和次级飞羽黑褐色。自嘴基至眼上有一白色眉纹，眼先黑褐色。颊、耳羽、颈侧白色，且具细密的黑褐色纵纹。颏白色，喉白色且密被黑褐色纵纹。胸、腹和尾下覆羽纯白色，胸侧和两胁亦为白色且具黑色斑点。腋羽和翅下覆羽黑褐色且具细窄的白色波状横纹。冬羽与夏羽基本相似，但体色较淡，上体呈灰褐色，背和肩具不甚明显的皮黄色斑点。虹膜暗褐色；嘴灰褐色或暗绿色，尖端黑色；脚橄榄绿色或灰绿色。

栖息环境 繁殖期主要栖息于山地或平原森林中的湖泊、河流、沼泽和水塘附近，海拔高度可达3000m左右。非繁殖期主要栖息于沿海、河口、湖泊、河流、水塘、农田与沼泽地带。

生活习性 9月中旬至9月末从繁殖地往南迁徙。常单独或成对活动，多在水边浅水处、

砾石河岸、泥地、沙滩、水田和沼泽地上。迁徙期间也常集成小群在放水翻耕的旱地上觅食，尤其喜欢肥沃多草的浅水田，常上下晃动尾，边走边觅食。遇干扰亦少起飞，而是先急走，远离干扰者，然后到有草或乱石处隐蔽。若干扰者继续靠近，则突然冲起，并伴随着“啾哩 – 啾哩”的鸣叫。飞翔疾速，两翅扇动甚快，常发出“呼呼”声响。主要以蠕虫、虾、蜘蛛、小蚌、田螺、昆虫等小型无脊椎动物为食，偶尔吃小鱼和稻谷。

地理分布 保护区记录于洋溪、三插溪。浙江省各地广布。国内见于各省份。

繁殖 繁殖期 5—7 月。刚到繁殖地时多活动在林外开阔的湖边、河岸和沼泽湿地上，以后逐渐进入森林繁殖。通常营巢于森林中的河流、湖泊岸边或林间沼泽地带，也在林缘河边沼泽地及河边小岛上的草丛中或疏林中营巢。巢多置于草丛中地上或树下树根间，也营巢于树上。一般不筑巢，而是利用鸫、鸽等鸟类废弃的旧巢。每窝产卵 3~4 枚。卵为梨形，桂红色、污白色、灰色或灰绿色，其上被红褐色斑点，大小为（34~42mm）×（25~30mm）。雌、雄亲鸟轮流孵卵，孵卵期间亲鸟甚为护巢，若有入侵巢区者，亲鸟则在空中来回飞翔或站于附近树上鸣叫不已，直至入侵者离去，孵化期 20~23 天。

居留型 冬候鸟（W）。

保护与濒危等级 《中国生物多样性红色名录》无危（LC）;《IUCN 红色名录》无危（LC）。

保护区相关记录 首次记录为张雁云（2017）。

41 矶鹬

Actitis hypoleucos (Linnaeus, 1758)

目 鸻形目 CHARADRIIFORMES

科 鹬科 Scolopacidae

英文名 Common Sandpiper

形态特征 小型涉禽，体长 16~22cm。头、颈、背、翅覆羽和肩羽橄榄绿褐色且具绿灰色光泽。各羽均具细而闪亮的黑褐色羽干纹和端斑，其中尤以翅覆羽、三级飞羽、肩羽、下背和尾上覆羽最为明显。飞羽黑褐色，除第 1 枚初级飞羽外，其他飞羽包括次级飞羽内翈均具白色斑，且越往里白色斑越大，到最后 2 枚次级飞羽几乎全为白色。翼缘、大覆羽和初级覆羽尖端亦缀有少许白色。中央尾羽橄榄褐色，端部具不甚明显的黑褐色横斑，外侧尾羽灰褐色且具白色端斑、白色与黑褐色横斑。眉纹白色，眼先黑褐色。头侧灰白色且具细的黑褐色纵纹。颏、喉白色，颈和胸侧灰褐色，前胸微具褐色纵纹，下体余部纯白色。腋羽和翼下覆羽亦为白色，翼下具 2 道显著的暗色横带。冬羽与夏羽相似，但上体较淡，羽轴纹和横斑均不明显，颈和胸微具或不具纵纹，翅覆羽具窄的皮黄色尖端。虹膜褐色；嘴短而直，黑褐色，下嘴基部淡绿褐色；跗跖和趾灰绿色，爪黑色。

栖息环境 栖息于低山丘陵和山脚平原一带的江河沿岸、湖泊、水库、水塘岸边，也出现于海岸、河口和附近沼泽湿地。

生活习性 常单独或成对活动，非繁殖期亦成小群。常活动在多沙石的浅水河滩、水中沙滩或江心小岛上，停息时多栖息于水边岩石、河中石头和其他突出物上，有时也栖息于

水边树上，停息时尾不断地上下摆动。性机警，行走时步履缓慢、轻盈，显得不慌不忙，同时频频地上下点头，有时亦常沿水边跑跑停停。受惊后立刻起飞，通常沿水面低飞，飞行时两翅朝下扇动，身体呈弓形，下落时也能滑翔。常边飞边叫，叫声似“矶－矶－矶－”声。常浅水处觅食，有时亦见在草地和路边觅食，主要以鞘翅目、直翅目、夜蛾等昆虫为食，也吃螺、蠕虫等其他无脊椎动物和小鱼、蝌蚪等小型脊椎动物。

地理分布 保护区记录于三插溪。浙江省各地广布。国内见于各省份。

繁殖 繁殖期5—7月。繁殖前雄鸟极为活跃，雌鸟不及雄鸟活跃，多随雄鸟活动；雌、雄交配时均发出“唧－唧－唧－”的叫声，交尾后分开。通常营巢于江河岸边沙滩草丛中地上，也有在江心或湖心小岛和河漫滩营巢的。雌、雄共同营巢。巢甚简陋，通常利用河边现成凹坑，或由亲鸟在地上扒一小坑，内垫少许草茎和草叶；巢的大小为外径（10.5~12.0cm）×（12.0~13.8cm），内径（8.5~9.0cm）×（8.0~9.0cm），深3.0~3.8cm。1年繁殖1窝，每窝产卵4~5枚，1天产1枚卵。卵产齐后即开始孵卵，由雌鸟单独承担，雄鸟在巢附近警戒，孵化期20~22天。雏鸟早成性，全身被丰满的绒羽，孵出后不久即能行走和奔跑，在巢停留1昼夜后，即离巢跟随亲鸟活动，约1个月后，幼鸟即能飞翔和独立生活。

居留型 冬候鸟（W）。

保护与濒危等级 《中国生物多样性红色名录》无危（LC）；《IUCN红色名录》无危（LC）。

保护区相关记录 首次记录为张雁云（2017）。

42 鸥嘴噪鸥

Gelochelidon nilotica (Gmelin, JF, 1789)

目 鸻形目 CHARADRIIFORMES
科 鸥科 Laridae

英文名 Gull-billed Tern

形态特征 中型水禽，体长 31~39cm。夏羽额、头顶、枕和头的两侧从眼和耳羽以上黑色。背、肩、腰和翅上覆羽珠灰色。后颈、尾上覆羽和尾白色，中央 1 对尾羽珠灰色，尾呈深叉状。初级飞羽银灰色，羽轴白色，内侧沿着羽轴暗灰色，尖端较暗；次级飞羽灰色，尖端白色。眼先和眼以下的头侧和下体白色。冬羽头白色，头顶和枕缀有灰色，并具不明显的灰褐色纵纹。眼前有一小的黑色条纹；耳区有一烟灰色黑斑。后颈白色。背和内侧飞羽淡灰色，几近白色，外侧飞羽黑色，中央尾羽同背，外侧尾羽和整个下体白色。幼鸟后头和后颈赭褐色。背、肩、翅覆羽灰色，具赭色尖端，有些在肩后部具褐色亚端斑。初级飞羽似成鸟，但较暗，内侧初级飞羽具白色羽缘和尖端；次级飞羽灰色，具白色尖端，有时具褐色亚端斑。其余似成鸟。虹膜暗褐色；嘴和脚黑色。

栖息环境 繁殖期主要栖息于内陆淡水或咸水湖泊、河流与沼泽地带。非繁殖期主要栖息于海岸及河口地区。

生活习性 单独或成小群活动。常出入于海滨、河口及湖边沙滩和泥地，不喜欢植物茂密的水体。飞行轻快而灵敏，两翅振动缓慢，频繁地在水面上低空飞翔。发现水中食物时，则突然垂直插入水中捕食，而后又直线升起。主要以昆虫、蜥蜴和小鱼为食，也吃甲壳动物和软体动物。

地理分布 保护区记录于三插溪。浙江省内见于嘉兴、杭州、绍兴、宁波、衢州、温州、丽水。国内分布于浙江、北京、天津、河北、山东、河南、陕西、云南、江苏、上海、福建、广东、香港、澳门、广西、海南、台湾。

繁殖 繁殖期为 5—7 月。成对或成松散的小群营巢，通常营巢于大的湖泊与河流岸边沙地或泥地上，也在海边或河口滩涂盐碱沼泽地上营巢。巢多置于沼泽中有稀疏盐碱植物的土丘上，或河流与湖泊岸边裸露的沙滩上。巢甚简陋，主要在沙地或泥地上扒一浅坑，内垫以枯草即成；巢的大小为外径 14~35cm，内径 9~12cm，深 1~3cm。每窝产卵通常 3 枚，有时少至 2 枚和多至 4~5 枚。卵的形状为梨形，沙黄色或土黄色沾绿色，被褐色或紫褐色斑点，大小为（44~55mm）×（30~37mm），重 27~38g。雌、雄亲鸟轮流孵卵，孵化期 22~23 天。经过亲鸟 28~35 天的喂养，幼鸟即可飞翔。

居留型 留鸟（R）。

保护与濒危等级 《中国生物多样性红色名录》无危（LC）；《IUCN 红色名录》无危（LC）。

保护区相关记录 2020 年科考新增物种。

43 白额燕鸥 小燕鸥、小海燕

Sternula albifrons (Pallas, 1764)

目 鸻形目 CHARADRIIFORMES
科 鸥科 Laridae

英文名 Little Tern

形态特征 小型水禽，体长 23~28cm。成鸟夏羽自上嘴基沿眼先上方达眼和头顶前部的额为白色，头顶至枕及后颈均黑色；背、肩、腰淡灰色，尾上覆羽和尾羽白色；眼先及穿眼纹黑色，在眼后与头及枕部的黑色相连；眼以下头侧、颈侧白色；翼上覆羽灰色，与背同色；第 1~2 枚初级飞羽黑褐色，第 1 枚的羽干白色，内翈羽缘有宽阔的楔形白斑，至羽端逐渐消失，第 2~3 枚初级飞羽羽干淡褐色，第 3~5 枚初级飞羽银灰色，内翈先段稍沾黑灰色，羽缘白色，其余飞羽灰色；颏、喉及整个下体包括腋羽和翼下覆羽全为白色。冬羽与夏羽相似，头顶白色向后方扩大，黑色变淡变窄且向后退缩。幼鸟头顶部褐白斑驳，后枕黑褐色；上体灰色，因各羽具有褐色羽缘或大片褐色而使上体缀有褐色横斑和皮黄色或白色羽缘；尾较短，白色，端部褐色。虹膜褐色；夏季嘴黄色，尖端黑色，冬季嘴黑色，基部黄色；夏季脚橙黄色，冬季脚黄褐色或暗红色。

栖息环境 栖居于湖泊、河流、水库、水塘、沼泽等内陆水域附近的草丛、芦苇丛、灌木丛中，以及沿海海岸、岛屿、河口、沼泽、水塘与近海无人岛礁等处。

生活习性 常成群结队活动，与其他燕鸥混群。频繁地在水面低空飞翔，搜觅水中食物。飞翔时嘴垂直朝下，头不断地左右摆动。当发现猎物时，则停于原位频繁地鼓动两翼，待找准机会后，立刻垂直下降到水面捕捉，或潜入水中追捕，直到捕到鱼类后，才从水中垂直上升入空中。以鱼、虾、水生昆虫及其他水生无脊椎动物为主食。

地理分布 保护区记录于三插溪。浙江省内见于湖州、嘉兴、杭州、绍兴、宁波、舟山、温州、丽水。除新疆、西藏、广西外，分布于国内各省份。

繁殖 繁殖期为 5—7 月。成对或成小群繁殖。营巢于海岸、岛屿、河流与湖泊岸边裸露的沙地、河漫滩上，或在水域附近盐碱沼泽地上营巢。巢甚简陋，主要在沙地上扒一浅坑，巢内无任何内垫物，有时垫少量枯草；巢的直径为 7~8cm，深 1~2cm。每窝产卵 2~3 枚，偶尔 1、4 枚。卵为梨形，赭色或淡石色，被小的黑色或紫褐色斑点，大小为（30~34mm）×（23~26mm），重为 8~11g。雌、雄亲鸟轮流孵卵，孵化期 20~22 天。

居留型 夏候鸟（S）。

保护与濒危等级 《中国生物多样性红色名录》无危（LC）;《IUCN 红色名录》无危（LC）。

保护区相关记录 2020 年科考新增物种。

44 灰翅浮鸥 须浮鸥

Chlidonias hybrida (Pallas, 1811)

目 鸻形目 CHARADRIIFORMES
科 鸥科 Laridae

英文名 Whiskered Tern

形态特征 小型水禽，体长 23~28cm。夏羽前额自嘴基沿眼下缘经耳区到后枕的整个头顶部黑色。肩灰黑色。背、腰、尾上覆羽和尾鸽灰色，外侧 1 对尾羽的外翈灰白色，尾呈叉状。翅上覆羽淡灰色，飞羽灰黑色，外翈珠白色，内翈具楔状灰白色羽缘，外侧飞羽羽轴白色。颏、喉和眼下缘的整个颊部白色。前颈和上胸暗灰色，下胸、腹和两胁黑色，尾下覆羽白色。腋羽和翼下覆羽灰白色。冬羽前额白色，头顶至后颈黑色，具白色纵纹。从眼前经眼和耳覆羽到后头，有一半环状黑斑。其余上体灰色，下体白色。幼鸟与冬羽相似，但背、肩黑褐色且具宽的棕褐色横斑。翅下覆羽和尾下覆羽也具暗色斑。虹膜红褐色；嘴和脚淡紫红色，爪黑色。

栖息环境 栖息于开阔平原湖泊、水库、河口、海岸和附近沼泽地带，有时也出现于大湖泊与河流附近的小水渠、水塘、农田上空。

生活习性 常结小群活动，偶成大群。频繁地在水面上空振翅飞翔，飞行轻快而有力，有时能保持在一定地方振翅飞翔而不动。觅食主要在水面和沼泽地上，取食时扎入浅水或低掠水面。主要以小鱼、虾、水生昆虫等水生动物为食，有时也吃部分水生植物。

地理分布 保护区记录于三插溪。浙江省内见于湖州、嘉兴、杭州、绍兴、宁波、台州、金华、衢州、温州、丽水。除西藏、贵州外，分布于国内各省份。

繁殖 繁殖期为 5—7 月。常数十只，甚至上百只成群在一起营群巢。通常营巢于开阔的浅水湖泊和附近芦苇沼泽地上。巢为浮巢，漂浮于水中植物上。巢以芦苇、蒲草等水生植物作底垫，其上再用金鱼藻、眼子菜、轮藻等水生植物筑巢。巢呈下宽上窄的圆台状；巢下部直径 42cm，上部直径 21cm，内径 9~10cm，深 1~2cm。巢口距水面 5~10cm，巢呈半沉浮状，巢中湿度甚大，无明显巢区。常数十至上百个巢集中在一起，密集处 1m^2 可有 2~3 个巢。巢四周通常无任何隐蔽物。每窝产卵通常 3 枚，也有少至 2 枚和多至 4 枚甚至 5 枚的。卵绿色、天蓝色或浅土黄色，被浅褐色至深褐色斑点，钝端斑点较大，尖端斑点较小。卵为梨形，大小为（26~29mm）×（36~41mm），重 12~15g。雌、雄亲鸟轮流孵卵。

居留型 留鸟（R）。

保护与濒危等级 《中国生物多样性红色名录》无危（LC）;《IUCN 红色名录》无危（LC）。

保护区相关记录 2020 年科考新增物种。

45 普通鸬鹚 黑鱼郎、水老鸦、鱼鹰

Phalacrocorax carbo (Linnaeus, 1758)

目 鲣鸟目 SULIFORMES

科 鸬鹚科 Phalacrocoracidae

英文名 Great Cormorant

形态特征 大型水鸟，体长 72~87cm。夏羽头、颈和羽冠黑色，具紫绿色金属光泽，并杂有白色丝状细羽；两肩、背和翅覆羽铜褐色并具金属光泽，羽缘暗铜蓝色；其余上体概黑色；尾圆形，尾羽 14 枚，灰黑色，羽干基部灰白色；初级飞羽黑褐色，次级和三级飞羽灰褐色，缀绿色金属光泽。颊、颏和上喉白色，形成一半环状，后缘沾棕褐色；其余下体蓝黑色，缀金属光泽，下胁有一白色块斑。冬羽似夏羽，但头、颈无白色丝状羽，两胁无白斑。繁殖期腰之两侧各有 1 个三角形白斑，头部及上颈部分有白色丝状羽毛，后头部有一不很明显的羽冠。虹膜翠绿色，眼先橄榄绿色，眼周和喉侧裸露皮肤黄色；上嘴黑色，嘴缘和下嘴灰白色，喉囊橙黄色；脚黑色。

栖息环境 栖息于河流、湖泊、池塘、水库、河口及其沼泽地带，亦常停栖在岩石或树枝上晾翼。

生活习性 常成小群活动。善游泳和潜水，游泳时颈向上伸得很直，头微向上倾斜，潜水时首先半跃出水面，再翻身潜入水下。飞行力很强，飞行时头、颈向前伸直，脚伸向后，两翅扇动缓慢，飞行较低，掠水面而过。休息时站在水边岩石上或树上，呈垂直坐立姿势，并不时扇动两翅。常在海边、湖滨、淡水中间活动，栖止时，在石头或树桩上久立不动，除迁徙时期外，一般不离开水域。主要以各种鱼类和甲壳动物为食。通过潜水捕食，潜水一般不超过 4m，但能在水下追捕鱼类长达 40 秒，捕到鱼后上到水面吞食。有时亦长时间地站立在水边岩石上或树上静静地窥视，发现猎物后再潜入水中追捕。

地理分布 保护区记录于三插溪、黄桥。浙江省各地广布。国内见于各省份。

繁殖 繁殖期 4—6 月。通常以对为单位成群在一起营巢，到达繁殖地时已基本成对。营巢于湖边、河岸或沼泽地中的树上，有时 1 棵树上有近 10 个巢，也有在湖边、河边岩石地上或湖心小岛上营巢的。巢由枯枝和水草构成，亦喜欢利用旧巢，到达繁殖地不久即开始修理旧巢和建筑新巢。每窝产卵 3~5 枚。卵淡蓝色或淡绿色，呈卵圆形、钝卵圆形或尖卵圆形，大小为（51~70mm）×（34~49mm），重 42~49g。雌、雄亲鸟轮流孵卵，孵化期 28~30 天。雏鸟晚成性，刚孵出时全身赤裸无羽，在孵出 2 周左右身上才被满绒羽，同时飞羽和尾羽开始长出。雌、雄亲鸟共同育雏，雏鸟将嘴伸入亲鸟咽部取食半消化的食物，经过约 60 天的喂养，幼鸟才能飞翔和离巢，3 年左右性成熟。

居留型 冬候鸟（W）。

保护与濒危等级 《中国生物多样性红色名录》无危（LC）;《IUCN 红色名录》无危（LC）。

保护区相关记录 2020 年科考新增物种。

46 苍鹭 灰鹳、灰鹭

Ardea cinerea Linnaeus, 1758

目 鹈形目 PELECANIFORMES

科 鹭科 Ardeidae

英文名 Grey Heron

形态特征 大型涉禽，体长 75~110cm。雄鸟头顶中央和颈白色，头顶两侧和枕部黑色。羽冠由 4 根细长的黑色羽毛形成，头顶和枕部两侧各 2 条，状若辫子，前颈中部有 2~3 列纵向黑斑。上体自背至尾上覆羽苍灰色，尾羽暗灰色，两肩有长尖而下垂的苍灰色羽毛，羽端分散，呈白色或近白色。初级飞羽、初级覆羽、外侧次级飞羽黑灰色，内侧次级飞羽灰色，大覆羽外侧浅灰色，内侧灰色，中覆羽、小覆羽浅灰色，三级飞羽暗灰色，亦具长尖而下垂的羽毛。颏、喉白色，颈的基部有呈披针形的灰白色长羽披散在胸前。胸、腹白色；前胸两侧各有 1 块大的紫黑色斑，沿胸、腹两侧向后延伸，在肛周处汇合。两胁微缀苍灰色。腋羽及翼下覆羽灰色，腿部羽毛白色。虹膜黄色，眼先裸露部分黄绿色；嘴黄色；跗跖和趾黄褐色或深棕色，爪黑色。

栖息环境 栖息于江河、溪流、湖泊、水塘、海岸等水域岸边及其浅水处，也见于沼泽、稻田、山地、森林、平原荒漠上的水边浅水处和沼泽地上。

生活习性 成对和成小群活动，迁徙期间和冬季集成大群，有时亦与白鹭混群。常单独涉水于水边浅水处，或长时间在水边站立不动，颈常曲缩于两肩之间，并常以一脚站立，另一脚缩于腹下，可数小时久站而不动。飞行时两翼鼓动缓慢，颈缩成 Z 形，两脚向后

伸直，远远地拖于尾后。晚上多成群栖息于高大的树上。主要以小型鱼类、泥鳅、虾、蜥蜴、蛙和昆虫等动物性食物为食。多在水边浅水处或沼泽地上，也在浅水湖泊、水塘中或水域附近陆地上觅食。

地理分布 保护区记录于三插溪、黄桥。浙江省各地广布。除新疆外，分布于国内各省份。

繁殖 繁殖期 4—6 月。营巢在水域附近的树上或芦苇与水草丛中，多成小群集中营群巢，有时 1 棵树上有巢数对至 10 多对。营巢由雌、雄亲鸟共同进行，通常雄鸟负责运输巢材，雌鸟负责营巢。在树上营巢者，巢材多用干树枝和枯草；在芦苇丛中营巢者，则多用枯芦苇茎和叶。通常是将芦苇弯折叠放在一起作为巢基，然后在上面规整地堆集一些干芦苇和枯草即成。巢呈圆柱状，大小为外径 50~91cm，内径 32~50cm，高 23~41cm，深 1.3~2.4cm。通常每隔 1 天产 1 枚卵，每窝产卵 3~6 枚。卵呈椭圆形，蓝绿色，以后逐渐变为天蓝色或苍白色，大小为（61.2~67.8mm）×（42.0~45.8mm），重 51~69g。孵卵由雌、雄亲鸟共同承担，孵化期 24~26 天。雏鸟晚成性，刚孵出后除头、颈和背部有少许绒羽外，其他裸露无羽，身体软弱不能站立，由雌、雄亲鸟共同喂养，经过 40 天左右幼鸟才能飞翔和离巢，在亲鸟带领下在巢域附近活动和觅食。

居留型 留鸟（R）。

保护与濒危等级 《中国生物多样性红色名录》无危（LC）;《IUCN 红色名录》无危（LC）。

保护区相关记录 首次记录为张雁云（2017）。

47 大白鹭 鹭鸶、白漂鸟

Ardea alba Linnaeus, 1758

目 鹈形目 PELECANIFORMES
科 鹭科 Ardeidae

英文名 Great Egret

形态特征 大型涉禽，体长 82~100cm，是最大的鹭类。颈、脚甚长，两性相似，全身洁白。繁殖期肩背部着生有 3 列长而直、羽支呈分散状的蓑羽，一直向后延伸到尾端，有的甚至超过尾部 40mm。蓑羽羽干呈象牙白色，基部较强硬，到羽端渐次变小，羽支纤细分散，且较稀疏。下体亦为白色，腹部羽毛沾有轻微黄色。嘴和眼先黑色，嘴角有 1 条黑线直达眼后。冬羽与夏羽相似，全身多为白色，但前颈下部和肩背部无长的蓑羽，嘴和眼先为黄色。虹膜黄色；嘴、眼先和眼周皮肤繁殖期为黑色，非繁殖期为黄色；胫裸出部肉红色，跗跖和趾黑色。

栖息环境 栖息于开阔平原和山地丘陵的河流、湖泊、水田、海滨、河口及其沼泽地带。

生活习性 常成单只或 10 余只的小群活动，有时在繁殖期亦见有多达 300 多只的大群，偶尔与其他鹭混群。多在开阔的水边和附近草地上活动，白天活动时，行动极为谨慎，遇人即飞走。刚飞行时两翅扇动较笨拙，脚悬垂于下，达到一定高度后，飞行则极为灵活，两脚亦向后伸直，远远超出尾后，头缩到背上，颈向下突出成囊状，两翅鼓动缓慢。站立时头亦缩于背肩部，呈驼背状。步行时亦常缩着脖，缓慢地一步一步前进。常在水边浅水处涉水觅食，也在水域附近草地上慢慢行走，边走边啄食。主要以直翅目、鞘翅目、双翅目昆虫以及软体动物、小鱼、蛙、蝌蚪、蜥蜴等动物性食物为食。

地理分布 保护区记录于三插溪。浙江省各地广布。国内分布于浙江、吉林、辽宁、北京、天津、河北、山东、河南、内蒙古东部、西藏南部、云南、贵州、湖北、湖南、安徽、江西、江苏、上海、福建、广东、香港、澳门、海南、台湾。

繁殖 繁殖期 4—7 月。营巢于高大的树上或芦苇丛中，多集群营群巢，有时一棵树上同时有数对到数十对营巢，亦与苍鹭在一起营巢，由雌、雄亲鸟共同进行。巢较简陋，通常由枯枝和干草构成，有时巢内垫少许柔软的草叶；巢外径 56~61cm，内径 52~54cm，高 22~25cm，深 15~20cm。1 年繁殖 1 窝，每窝产卵 3~6 枚，多为 4 枚。卵为椭圆形或长椭圆形，天蓝色，大小为（51~60mm）×（34~41mm），重 29~31g。产出第 1 枚卵后即开始孵卵，由雌、雄亲鸟共同承担，孵化期 25~26 天。雏鸟晚成性，雏鸟孵出后由雌、雄亲鸟共同喂养，大约经过 1 个月的巢期生活后，才可飞翔和离巢。

居留型 夏候鸟（S）。

保护与濒危等级 《中国生物多样性红色名录》无危（LC）;《IUCN 红色名录》无危（LC）。

保护区相关记录 2020 年科考新增物种。

48 中白鹭 白鹭鸶

Ardea intermedia Wagler, 1829

目 鹈形目 PELECANIFORMES
科 鹭科 Ardeidae

英文名 Intermediate Egret

形态特征 中型涉禽，体长62~70cm，大小介于大白鹭与白鹭之间。嘴和颈相对较白鹭短，嘴长而尖直，翅大而长，脚和趾均细长，胫部部分裸露，脚三趾在前一趾在后，中趾的爪上具梳状栉缘。雌、雄同色。体呈纺锤形，体羽疏松，具有丝状蓑羽，胸前有饰羽，头顶有的有冠羽，腿部被羽。全身白色；夏羽背部有1列长的蓑状饰羽，向后超过尾端，头后有不甚明显的冠羽，胸部亦有1簇长的羽支分散的蓑状饰羽。虹膜黄色，眼先裸露皮肤绿黄色；嘴黑色；脚和趾黑色。冬羽无蓑状饰羽和冠羽；嘴黄色，嘴尖黑色。

栖息环境 栖息和活动于河流、湖泊、沼泽、河口、海边、水塘岸边浅水处及河滩上，也常在沼泽和水稻田中活动。主要出现在陆地淡水地区植被丰富的浅滩、季节性泛滥的沼泽地、内陆三角洲、池塘、沼泽森林、淡水沼泽、小溪、湿草甸、被水淹没的牧场附近，有时可能会出现在泥滩、潮汐河口、海岸泻湖、盐沼，并经常栖息在红树林。

生活习性 常单独或成对或成小群活动，有时亦与其他鹭混群，或与黑尾鸥同岛栖息。警惕性强，见人很远即飞，人难以靠近。飞行时颈缩成S形，两脚直伸向后，超出尾外，两翅鼓动缓慢，飞行从容不迫，呈直线。白昼或黄昏活动。以水种生物为食，主要以鱼、虾、蛙、蝗虫、蝼蛄、小蛇、蜥蜴等为食。沿水边浅水处轻轻涉水觅食，也静立于浅水中或水边等待猎物到来，然后突然以快速而准确的动作捕食，吃饱后常在岸边或田埂上缩着颈、单脚伫立休息。

地理分布 保护区记录于三插溪。浙江省各地广布。国内分布于浙江、辽宁、北京、河北、山东、河南南部、陕西、甘肃、西藏、云南、四川、重庆、贵州、湖北、湖南、安徽、江西、江苏、上海、福建、广东、香港、澳门、广西、海南、台湾。

繁殖 繁殖期随地区不同而有很大变化，通常在4—6月。营巢于树林或竹林内，通常成群或与其他鹭类在一起营群巢。在树上、灌丛上或地面上筑造浅巢。巢呈盘状，结构较为简单，通常由枯枝和干草构成，巢内充填软质干枯杂草。每窝产卵3~6枚。卵呈蓝色、白色或皮黄色，无斑点，大小（43~53mm）×（33~39mm），重25.7~29.4g。雌、雄亲鸟共同孵卵，孵化期26~29天。雏鸟晚成性。

居留型 夏候鸟（S）。

保护与濒危等级 《中国生物多样性红色名录》无危（LC）;《IUCN红色名录》无危（LC）。

保护区相关记录 首次记录为张雁云（2017）。

49 白鹭 小白鹭

Egretta garzetta (Linnaeus, 1766)

目 鹈形目 PELECANIFORMES
科 鹭科 Ardeidae

英文名 Little Egret

形态特征 中型涉禽，体长 52~68cm。嘴、颈和脚均甚长，通体白色。夏羽枕部着生 2 条狭长而软的矛状饰羽，如 2 条辫子；肩背部着生羽支分散的长形蓑羽，一直向后伸展至尾端；羽干基部强硬，至羽端羽支纤细分散；前颈下部也有长的矛状饰羽，向下披至前胸。冬羽头部冠羽，肩、背和前颈之蓑羽或矛状饰羽均消失，仅个别前颈残留少许矛状饰羽。虹膜黄色，眼睑粉红色，眼先裸出部分夏季粉红色，冬季黄绿色；嘴黑色；胫和跗跖黑绿色，趾黄绿色，爪黑色。

栖息环境 栖息于平原、丘陵和低海拔的湖泊、溪流、水塘、水田、河口、水库、江河与沼泽地带，喜稻田、河岸、沙滩、泥滩及沿海小溪流。

生活习性 喜集群，常呈 3~5 只或 10 余只的小群于水边浅水处活动。成散群进食，常与其他种类混群。晚上在栖息地集成数十、数百，甚至上千只的大群，白天则分散成小群活动。常一脚站立于水中，另一脚曲缩于腹下，头缩至背上，呈 S 形，长时间呆立不动。不时伸长颈部，环顾四周，一有危险，就立即飞走。行走时步履轻盈、稳健。飞行时头往回缩至肩背处，颈向下曲成袋状，两脚向后伸直，远远突出于尾后，两翅缓慢地鼓动飞翔。每日天亮后即成群由栖息地飞往觅食地，远者可达数十里，傍晚又结群呈 V 形飞至栖息

地附近的水田和山坡小树上，待结成大群后再一起进入树林和竹林中。觅食时，常脚探入水中搅动后捕食受惊吓之鱼，以各种小鱼、黄鳝、泥鳅、蛙、虾、水蛭、蜻蜓幼虫、蝼蛄、蟋蟀、蚂蚁、蛴螬等动物性食物为食，也吃少量谷物等植物性食物。

地理分布 保护区记录于三插溪、黄桥。浙江省各地广布。国内分布于浙江、吉林、辽宁、北京、天津、河北、山东、河南、陕西、内蒙古、宁夏、甘肃南部、新疆、西藏东南部、青海、云南、四川、重庆、贵州、湖北、湖南、安徽、江西、江苏、上海、福建、广东、香港、澳门、广西、海南、台湾。

繁殖 繁殖期3—7月。通常结群营巢于高大的树上，甚至有多达200多对的白鹭和150多对夜鹭同时在1棵大树上营巢。巢距地高15~20m。营巢由雌、雄鸟共同进行，雄鸟外出找巢材，交雌鸟筑巢，有时亦就近强占同一树上的喜鹊巢，将巢拆掉来营建自己的巢。巢呈浅盘状，结构较简陋，由枯树枝、草茎和草叶构成，亦有在芦苇丛中地上和灌木上营巢的。每窝产卵3~6枚，每天或隔天产1枚卵。卵为卵圆形，也有呈橄榄形和长椭圆形的，灰蓝色或蓝绿色，大小为（30~38mm）×（42~53mm），重25~32g。雌、雄亲鸟轮流孵卵，雌鸟孵卵时间较长，孵化期约25天。雏鸟晚成性，出生时没有羽毛，不能调节自己的体温，因此雌、雄亲鸟轮流抱窝，共同育雏。

居留型 留鸟（R）。

保护与濒危等级 《中国生物多样性红色名录》无危（LC）;《IUCN红色名录》无危（LC）。

保护区相关记录 首次记录为张雁云（2017）。

50 黄嘴白鹭 唐白鹭

Egretta eulophotes (Swinhoe, 1860)

目 鹈形目 PELECANIFORMES
科 鹭科 Ardeidae

英文名 Chinese Egret

形态特征 中型涉禽，体长46~65cm。身体纤瘦而修长，嘴、颈、脚均很长，全体纯白色。雌、雄羽色相似。夏羽嘴橙黄色，脚黑色，趾黄色，眼先蓝色，枕部着生矛状长形冠羽，背、肩和前颈下部着生蓑状长羽。冬羽嘴暗褐色，下嘴基部黄色，眼先黄绿色，脚亦为黄绿色，背、肩和前颈无蓑状长羽。幼鸟似成鸟的冬羽，全身白色，头无冠羽，背、胸无蓑羽。虹膜黄褐色。

栖息环境 栖息于沿海岛屿、海岸、海湾、河口，以及沿海的江河、湖泊、水塘、溪流、水稻田和沼泽地带。

生活习性 单独、成对或集成小群活动的情况都能见到，偶尔也有数十只在一起的大群。白天多飞到海岸附近的溪流、江河、盐田、水稻田中活动和觅食，晚上则飞到近岸的山林里休息。常一脚站立于水中，另一脚曲缩于腹下，头缩至背上呈驼背状，长时间呆立不动，行走时步履轻盈、稳健，通常无声，受惊时发出低沉的呱呱叫声。有结群营巢、修建旧巢和与池鹭、夜鹭、牛背鹭混群共域繁殖的习性。主要以各种小型鱼类为食，也吃虾、蟹、蝌蚪和水生昆虫等动物性食物。通常在河边、盐田或水田地中边走边啄食，它的长嘴、长颈和长腿有利于捕食水中的动物。捕食的时候，它轻轻地涉水漫步向前，望着水里活动的小动物，然后突然用长嘴向水中猛地一啄，将食物准确地啄到嘴里。有时也伫立于水边，伺机捕食过往的鱼类。

地理分布 保护区记录于三插溪一带。浙江省内见于杭州、宁波、舟山、台州、温州。国内分布于浙江、吉林、辽宁、天津、河北、山东、内蒙古东南部、云南西北部、湖北、湖南、安徽、江西、江苏、上海、福建、广东、香港、澳门、广西、海南、台湾。

繁殖 繁殖期5—7月。营巢于近海岸岛屿、海岸悬崖岩石上和矮小的树杈间，常成群一起营巢。巢呈浅蝶形，结构较简单，主要以枯草茎和草叶构成。巢外径36~45cm，内径20~24cm，深3~6cm。筑于矮树上的巢距地面高9~23cm，也有置巢于矮树下的草丛间。每窝产卵2~4枚。卵为卵圆形，淡蓝色，大小为（43~53mm）×（31~38mm），重24~32g。孵化期24~26天。

居留型 夏候鸟（S）。

保护与濒危等级 国家一级重点保护野生动物；《中国生物多样性红色名录》易危（VU）；《IUCN红色名录》易危（VU）。

保护区相关记录 2020年科考新增物种。

51 牛背鹭 黄头鹭、畜鹭

Bubulcus ibis (Linnaeus, 1758)

目 鹈形目 PELECANIFORMES
科 鹭科 Ardeidae

英文名 Eastern Cattle Egret

形态特征 中型涉禽，体长 46~55cm。体较其他鹭肥胖，嘴和颈亦明显较其他鹭短粗。夏羽前颈基部和背中央具羽支分散成发状的橙黄色长形饰羽，前颈饰羽长达胸部，背部饰羽向后长达尾部，尾和其余体羽白色。冬羽通体白色，个别头顶缀有黄色，无发丝状饰羽。虹膜金黄色，嘴、眼先、眼周裸露皮肤黄色，跗跖和趾黑色。

栖息环境 栖息于平原草地、湖泊、水库、山脚平原和低山水田、池塘、旱田、沼泽地上。

生活习性 常成对或 3~5 只的小群活动，有时亦单独或集成数十只的大群。休息时喜欢站在树梢上，颈缩成 S 形，喜欢站在牛背上或跟在耕田的牛后面啄食翻耕出来的昆虫和牛

背上的寄生虫。性活跃而温驯，不甚怕人，活动时寂静无声。飞行时头缩到背上，颈向下突出，像 1 个喉囊，飞行高度较低，通常成直线飞行。主要以蝗虫、蚩蠊、蟋蟀、蝼蛄、螽斯、金龟甲、地老虎等昆虫为食，也食蜘蛛、黄鳝、蚂蟥和蛙等。

地理分布 保护区记录于黄桥。浙江省各地广布。除宁夏、新疆外，分布于国内各省份。

繁殖 繁殖期 4—7 月。营巢于树上或竹林上，常成群营群巢，也常与白鹭和夜鹭在一起营巢。巢由枯枝构成，内垫少许干草。巢直径 30~50cm，高 12cm。每窝产卵 4~9 枚，多为 5~7 枚。卵浅蓝色，光滑无斑，大小为（40~50mm）×（33~35mm）。雌、雄亲鸟轮流孵卵，孵化期 21~24 天。

居留型 夏候鸟（S）。

保护与濒危等级 《中国生物多样性红色名录》无危（LC）;《IUCN 红色名录》无危（LC）。

保护区相关记录 首次记录为张雁云（2017）。

52 池鹭 红毛鹭、中国池鹭、红头鹭鸶

Ardeola bacchus (Bonaparte, 1855)

目 鹈形目 PELECANIFORMES
科 鹭科 Ardeidae

英文名 Chinese Pond Heron

形态特征 中型涉禽，体长 37~54cm。夏羽头、头侧、颈、前胸与胸侧栗红色，羽端呈分枝状；冠羽甚长，一直延伸到背部，背、肩部羽毛也甚长，呈披针形，蓝黑色，一直延伸到尾；尾短，圆形，白色。颏、喉白色，前颈有 1 条白线，从下嘴下面一直沿前颈向下延伸。下颈有长的栗褐色丝状羽悬垂于胸。腹、两胁、腋羽、翼下覆羽、尾下覆羽以及两翅全为白色。冬羽头顶白色且具密集的褐色条纹，颈淡皮黄色且具厚密的褐色条纹，背和肩羽较夏羽短，暗黄褐色，胸为淡皮黄色且具密集、粗的褐色条纹，其余似夏羽。脸和眼先裸露皮肤黄绿色，虹膜黄色；嘴黄色，尖端黑色，基部蓝色；脚和趾暗黄色。

栖息环境 通常栖息于海拔 1300m 以下的稻田、池塘、湖泊、水库和沼泽湿地等水域，有时也见于水域附近的竹林和树上。

生活习性 常单独或成小群活动，有时也集成多达数十只的大群在一起。性较大胆，不甚畏人。白昼或黄昏活动。通常无声，争吵时发出低沉的“呱呱”叫声。常站在水边浅水处、沼泽、稻田中，边走边觅食，用嘴飞快地攫食。以动物性食物为主，包括鱼、虾、螺、蛙、泥鳅、水生昆虫等，兼食少量植物性食物。

地理分布 保护区记录于三插溪。浙江省各地广布。除黑龙江外，分布于国内各省份。

繁殖 繁殖期 3—7 月。营巢于水域附近高大树木的树梢上或竹林上，常成群营群巢，也常与白鹭、牛背鹭等在一起营巢。巢呈浅圆盘状，由树枝、杉木枯枝、竹枝、茶树枝及菝葜藤等组成，巢内无其他铺垫物。每窝产卵 2~5 枚，多为 3 枚。卵为蓝绿色，椭圆形，大小为（37~49mm）×（28~31mm），重 16.5~20.0g。雏鸟晚成性，成鸟以鱼类、蛙、昆虫哺育幼雏。

居留型 留鸟（R）。

保护与濒危等级 《中国生物多样性红色名录》无危（LC）；《IUCN 红色名录》无危（LC）。

保护区相关记录 首次记录为张雁云（2017）。

53 绿鹭 绿背鹭、绿鹭鸶、打鱼郎、绿蓑鹭

Butorides striata (Linnaeus, 1758)

目 鹈形目 PELECANIFORMES
科 鹭科 Ardeidae

英文名 Striated Heron

形态特征 中型涉禽，体长38~48cm。额、头顶、枕、羽冠和眼下纹绿黑色。羽冠从枕部一直延伸到后枕下部，其中最后1枚羽毛特长。后颈、颈侧及颊纹灰色；额、喉白色。背及两肩披有窄长的青铜绿色的矛状羽，向后直达尾部。所有矛状羽均具有细的灰白色羽干纹。腰至尾上覆羽暗灰色；尾黑色，具青铜绿色光泽；初级覆羽、初级飞羽黑褐色，羽端缀黄白色狭缘；次级飞羽、大覆羽、中覆羽铜绿色，有金属闪光；胸、腹部中央白色，杂斑灰色；两胁灰色；尾下羽灰白色。虹膜金黄色，眼先裸露皮肤黄绿色；嘴缘褐色；脚和趾黄绿色。

栖息环境 栖息于山区沟谷、河流、湖泊、水库林缘与灌木丛中，特别是溪流纵横、水塘密布而又富有树木的河流水淹地带和茂密的植被带。

生活习性 性孤独，常常独栖息于有茂密树荫的树上，有时也栖息于茂密的灌丛中或树荫下的石头上。通常在黄昏和晚上活动，有时也见在水面上空飞翔。飞行时两翅鼓动频繁，飞行速度甚快，飞行高度较低，一般多在水面上10~20m，飞行时脚往后伸，远远突出于尾外，但缩颈较小而不甚明显。性较羞怯，白天总是偷偷躲在阴暗的地方，一声不响地缩着脖，站在岸边树木或灌木的低枝上，如无惊动，很少移动地方，即使有危险，也多先伸脖瞭望，然后慢慢鼓动两翅，飞到不远处的阴暗地方。主要以鱼为食，也吃蛙、蟹、虾、水生昆虫和软体动物。

地理分布 保护区记录于三插溪。浙江省各地广布。国内分布于浙江、黑龙江东部、吉林东部、辽宁、北京、河北东北部、山东、内蒙古中部和东北部、江苏、上海、福建、广东、香港、澳门、广西、陕西、云南、四川、重庆、贵州、湖北、湖南、安徽、江西。

繁殖 繁殖期5—6月。5月初开始营巢，通常营巢于富有柳树等耐水湿树木和灌丛的河岸或河心岛上的灌木林或柳树林内，巢多放置在柳树树冠部较为隐蔽的枝杈上。巢相当简陋，主要是用一些干树枝堆集而成，呈浅碟状，直径为25cm，高11cm，距地高1.7~2.0m。每窝产卵5枚，每天产1枚卵，但在产最后1枚卵时通常间隔1天。卵椭圆形，绿青色，大小为（29~32mm）×（39~42mm），重18~21g。孵卵由雌、雄亲鸟轮流承担，孵卵期间亲鸟甚恋巢，孵化期20~22天。雏鸟晚成性，育雏由雌、雄亲鸟共同承担，育雏时亲鸟站在巢缘将食物放到雏鸟嘴中，10余天后方能离巢。

居留型 夏候鸟（S）。

保护与濒危等级 《中国生物多样性红色名录》无危（LC）;《IUCN红色名录》无危（LC）。

保护区相关记录 2020年科考新增物种。

54 夜鹭 苍鳽、星鳽、夜游鹤

Nycticorax nycticorax (Linnaeus, 1758)

目 鹈形目 PELECANIFORMES
科 鹭科 Ardeidae

英文名 Black-crowned Night Heron

形态特征 中型涉禽，体长46~60cm。体较粗胖，颈较短。额、头顶、枕、羽冠、后颈、肩和背绿黑色且具金属光泽；额基和眉纹白色，枕部着生2~3条长带状白色饰羽，长约190mm，下垂至背上；腰、两翅和尾羽灰色；圆尾，尾羽12枚。颏、喉白色，颊、颈侧、胸和两胁淡灰色，腹白色。幼鸟上体暗褐色，缀有淡棕色羽干纹和白色或棕白色星状端斑；下体白色且满缀暗褐色细纵纹，尾下覆羽棕白色。虹膜血红色，眼先裸露部分黄绿色；嘴黑色；胫裸出部、跗跖和趾角黄色。幼鸟嘴先端黑色，基部黄绿色；虹膜红色，眼先绿色；脚黄色。

栖息环境 栖息和活动于平原和低山丘陵地区的溪流、水塘、江河、沼泽和水田附近的大树、竹林中。

生活习性 夜行性。喜结群，常成小群于晨昏和夜间活动，白天结群隐藏于密林中僻静处，或分散成小群栖息在僻静的山坡、水库、湖中小岛的灌丛或高大树木的枝叶丛中，偶尔也有单独活动和栖息的。一般缩颈长期站立不动，或梳理羽毛和在枝间走动，有时亦单腿站立，身体呈驼背状。如无干扰，一般不离开隐居地。常常待人走至跟前时才突然从树叶丛中冲出，边飞边鸣，鸣声单调而粗犷。黄昏后从栖息地分散成小群出来，三三两两于水边浅水处涉水觅食，也单独伫立在水中树桩或树枝上等候猎物，眼睛紧紧地凝视着水面。主要以鱼、蛙、虾、水生昆虫等动物性食物为食。清晨太阳出来以前，则陆续回到树上隐蔽处休息。

地理分布 保护区记录于三插溪、黄桥。浙江省各地广布。国内见于各省份。

繁殖 繁殖期4—7月。通常营巢于各种高大的树上，常成群在一起营群巢，也常与白鹭、池鹭、牛背鹭和苍鹭等其他鹭类一起成混合群营巢。群巢的数目1棵树上几个至十几个，多者数十个甚至上百个。雌、雄亲鸟共同营巢。巢由枯枝和草茎构成，结构较为简单，呈盘状，大小为外径30~51cm，内径28~32cm，高12~15cm，深8~9cm，也有利用旧巢的习性。每窝产卵3~5枚，通常4枚。卵为卵圆形和椭圆形，蓝绿色，大小为（41~48mm）×（31~37mm），重22~27g。第1枚卵产出后即开始孵卵，由雌、雄亲鸟共同承担，以雌鸟为主，孵化期21~22天。雏鸟晚成性，刚孵出时身上被白色稀疏的绒羽，由雌、雄亲鸟共同抚育，经过30多天方能飞翔和离巢。

居留型 留鸟（R）。

保护与濒危等级 《中国生物多样性红色名录》无危（LC）；《IUCN红色名录》无危（LC）。

保护区相关记录 首次记录为张雁云（2017）。

55 栗头鳽 栗头夜鳽、栗头虎斑鳽、虎斑鳽

Gorsachius goisagi (Temminck, 1836)

目 鹈形目 PELECANIFORMES
科 鹭科 Ardeidae

英文名 Japanese Night Heron

形态特征 中型涉禽，体长43~49cm。外形与鹭明显不同。雌、雄近似。额和头顶黑栗色；枕、后颈和颈两侧栗红色至棕色；背部到尾部、翼上覆羽、次级飞羽、三级飞羽等栗色或棕褐色，多数羽毛上有黑栗色波纹，使两翅呈虎斑纹，故名“虎斑鳽”；初级飞羽黑褐色，带有宽阔的栗色端斑。颏、喉至尾下覆羽浅黄色，沿颏、喉和前颈中央有黑色和栗色的纵斑，这种纵斑在胸和腹部增多并加粗。幼鸟羽色相似于成鸟，但头顶黑褐色，头的两侧和颈具黑色斑点，翅覆羽色较淡。虹膜黄色，眼先裸露皮肤黄绿色；嘴暗黑色，下嘴和口角黄色；跗跖和趾墨绿色。

栖息环境 栖息于沿海附近茂密森林或林缘地带的溪流中，也见于低山森林中的沼泽、河谷或溪流。

生活习性 性隐秘，胆小而机警，是一种夜行性鸟类，常单独或成对在夜间活动和觅食，白天常在密林中活动于隐蔽的阴暗地方。当夜幕降临时，它们就离开隐居的森林飞往远处的觅食地。通常很少飞行，飞行时两翅鼓动缓慢，飞行高度低，颈缩成S形，脚朝后面伸直，突出于尾外。主要在夜间活动觅食，有时白天也在密林中阴暗的地方觅食，以小型鱼类、甲壳动物、黄鳝、蛙、昆虫、环节动物等动物性食物为食，有时也吃少量植物性食物。

地理分布 保护区记录于木岱山。浙江省内见于杭州、宁波、舟山、温州、丽水。国内分布于浙江、辽宁、北京、上海、江西、江苏、福建、广东南部、香港、广西、台湾。

繁殖 繁殖期为5—7月。营巢于山地密林中，巢多筑于树冠枝杈上。巢呈皿形，结构较为简单，主要由树枝筑成，内垫苔藓。每窝产卵4~5枚，偶尔有多至6枚和少至3枚的。卵为白色，光滑无斑，平均大小为17mm × 37mm。

居留型 旅鸟（P）。

保护与濒危等级 国家二级重点保护野生动物；《中国生物多样性红色名录》数据缺乏（DD）；《IUCN红色名录》易危（VU）。

保护区相关记录 2020年科考新增物种。

56 黑冠鹃隼 凤头鹃隼

Aviceda leuphotes (Dumont, 1820)

目 鹰形目 ACCIPITRIFORMES
科 鹰科 Accipitridae

英文名 Black Baza

形态特征 小型猛禽，体长30~33cm。雌、雄近似。上体蓝黑色，头顶具长而竖直的蓝黑色冠羽，翅和肩有白斑。喉和颈黑色。上胸有1道宽阔的星月形白斑，下胸和腹侧带有宽阔的白色和栗色横斑；腹中央、覆腿羽和尾下覆羽黑色。飞翔时翅阔而圆，黑色的翅下覆羽和尾下覆羽与银灰色的飞羽和尾羽形成鲜明对照；初级飞羽上有宽阔而显著的白色横带。幼鸟喉部具白色条纹，白色的胸带具黑色条纹，其余同成鸟。虹膜紫褐色或血红褐色；嘴深石板灰色或铅色，尖端黑色；脚铅色或铅蓝色，爪角褐色。

栖息环境 栖息于山脚平原、低山丘陵和高山森林地带，也出现于疏林草坡、村庄和林缘田间地带。

生活习性 常单独活动，有时也成3~5只的小群。常在森林上空翱翔，间或鼓翼飞翔，极为悠闲，有时也在林内、地上活动和捕食。性警觉而胆小，但有时也显得迟钝而懒散，头上的羽冠经常忽而高高地耸立，忽而低低地落下。活动主要在白天，特别是清晨和黄昏较为活跃。主要以蝗虫、蝉、蚂蚁等昆虫为食，也特别爱吃蝙蝠、鼠类、蜥蜴、蛙等。

地理分布 保护区记录于坑头、榅垟等地。浙江省内见于湖州、嘉兴、杭州、绍兴、宁波、金华、衢州、温州、丽水。国内分布于浙江、河南南部、云南南部、贵州、湖北、湖南、安徽、江西、江苏、上海、福建、广东、香港、澳门、广西、台湾。

繁殖 繁殖期4—7月。营巢于森林中河流岸边或附近的高大树上。巢主要由枯枝构成，内放草茎、草叶和树皮纤维。每窝产卵2~3枚。卵呈钝卵圆形，灰白色缀有茶黄色，大小为（35~46mm）×（29~38mm）。

居留型 夏候鸟（S）。

保护与濒危等级 国家二级重点保护野生动物；《中国生物多样性红色名录》无危（LC）；《IUCN红色名录》无危（LC）。

保护区相关记录 首次记录为翁少平（2014）。张雁云（2017）也有记录。

57 凤头蜂鹰 八角鹰、雕头鹰、蜜鹰、东方蜂鹰

Pernis ptilorhynchus (Temminck, 1821)

目 鹰形目 ACCIPITRIFORMES
科 鹰科 Accipitridae

英文名 Oriental Honey Buzzard

形态特征 中型猛禽，体长 50~66cm。头顶暗褐色至黑褐色，头侧具有短而硬的鳞片状羽毛，而且较为厚密，是其独有的特征之一。头的后枕部通常具有短的黑色羽冠，显得与众不同。上体通常为黑褐色，头侧为灰色。喉部白色，具有黑色的中央斑纹，其余下体为棕褐色或栗褐色，具有淡红褐色与白色相间排列的横带和粗著的黑色中央纹。初级飞羽为暗灰色，尖端为黑色；翼下飞羽白色或灰色，具黑色横带；尾羽为灰色或暗褐色，具有 3~5 条暗色宽带斑及灰白色的波状横斑。虹膜金黄色或橙红色，幼鸟为褐色；嘴黑色；脚和趾黄色，爪黑色。

栖息环境 栖息于不同海拔高度的阔叶林、针叶林和混交林中，尤以疏林和林缘地带较为常见，有时也到村庄、农田和果园等小林内活动。

生活习性 平时常单独活动，冬季也偶尔集成小群。飞行动作灵敏，多为鼓翅飞翔，振翼几次后便长时间滑翔，两翼平伸翱翔高空。常快速地扇动两翅，从一棵树飞到另一棵树，偶尔也在森林上空翱翔，或徐徐滑翔，边飞边叫，叫声短促，像吹哨一样。有时也见停息在高大乔木的树梢上或林内树下部的枝杈上。主要以各种蜂类为食，也吃其他昆虫，偶尔吃小蛇、蜥蜴、蛙、小型哺乳动物、鸟卵等。

地理分布 保护区记录于五岱等地。浙江省内见于嘉兴、杭州、宁波、舟山、台州、温州、衢州、丽水。国内见于各省份。

繁殖 繁殖期为 4—6 月。求偶时，雄鸟和雌鸟双双在空中滑翔，然后急速下降，再缓慢盘旋，两翅向背后折起 6~7 次。营巢于阔叶树或针叶树上，巢距离地面的高度为 10~28m。巢主要枯枝构成，中间稍微下凹，呈盘状，内放少许草茎和草叶，有时也利用鸢和苍鹰等其他猛禽的旧巢。每窝产卵 2~3 枚，一般为 2 枚。卵为砖红色或黄褐色，被咖啡色的斑点，大小为（50~57mm）×（39~46mm）。

居留型 旅鸟（P）。

保护与濒危等级 国家二级重点保护野生动物；《中国生物多样性红色名录》无危（LC）；《IUCN 红色名录》无危（LC）。

保护区相关记录 2020 年科考新增记录。

58 黑鸢 鸢

Milvus migrans (Boddaert, 1783)

目 鹰形目 ACCIPITRIFORMES
科 鹰科 Accipitridae

英文名 Black Kite

形态特征 中型猛禽，体长 54~69cm。雌、雄近似。额基部和眼先灰白色，耳羽黑褐色，头顶至后颈棕褐色，具黑褐色羽干纹。上体暗褐色，微具紫色光泽、不甚明显的暗色细横纹和淡色端缘；尾棕褐色，呈浅叉状，其上具有宽度相等、相间排列的黑色和褐色横带，尾端具淡棕白色羽缘；翅上中覆羽和小覆羽淡褐色，具黑褐色羽干纹；初级覆羽和大覆羽黑褐色，初级飞羽黑褐色，外侧飞羽内翈基部白色，形成翼下一大形白色斑，飞翔时极为醒目，次级飞羽暗褐色，具不甚明显的暗色横斑。下体颏、颊和喉灰白色，具细的暗褐色羽干纹；胸、腹及两胁暗棕褐色，具粗著的黑褐色羽干纹，下腹至肛部羽毛稍浅淡，呈棕黄色，几无羽干纹，或羽干纹较细，尾下覆羽灰褐色，翅上覆羽棕褐色。幼鸟全身大都栗褐色，头、颈大多具棕白色羽干纹，胸、腹具有宽阔的棕白色纵纹，翅上覆羽具白色端斑，尾上横斑不明显，其余似成鸟。虹膜暗褐色；嘴黑色，蜡膜和下嘴基部黄绿色；脚和趾黄色或黄绿色，爪黑色。

栖息环境 栖息于开阔平原、草地、荒原和低山丘陵地带，也常在城郊、村庄、田野、港湾、湖泊上空活动，偶尔出现在海拔 1500m 以上的森林和林缘地带。

生活习性 白天活动，常单独在高空飞翔，秋季有时亦成 2~3 只的小群。飞行快而有力，能很熟练地利用上升的热气流升入高空长时间地盘旋翱翔，两翅平伸不动，尾亦散开，像

舵一样不断摆动和变换形状以调节前进方向，两翅亦不时抖动。通常呈圈状盘旋，边飞边鸣，鸣声尖锐，似吹哨一样，很远即能听到。视觉很敏锐，在高空盘旋时即能见到地面动物的活动情况。性机警，人很难接近。主要以小鸟、鼠、蛇、蛙、鱼、野兔、蜥蜴和昆虫等动物性食物为食，偶尔吃家禽和腐尸。觅食主要利用敏锐的视觉，通过在空中盘旋来觅找食物，当发现地面猎物时，即迅速俯冲直下，扑向猎物，用利爪抓住，飞至树上或岩石上啄食。

地理分布 早期科考资料有记载，但本次调查未见。浙江省各地广布。国内见于各省份。

繁殖 繁殖期 4—7 月。营巢于高大树上，距地高 10m 以上，也营巢于悬崖峭壁上。巢呈浅盘状，主要由干树枝构成，结构较为松散，内垫以枯草、纸屑、破布、羽毛等柔软物。雌、雄亲鸟共同营巢，通常雄鸟运送巢材，雌鸟留下筑巢。巢的直径为 40~100cm，有时达 1m 以上。每窝产卵 2~3 枚，偶尔有少至 1 枚和多至 5 枚的。卵呈钝椭圆形，污白色，微缀血红色点斑，大小为（53~68mm）×（41~48mm），重约 52g。雌、雄亲鸟轮流孵卵，孵化期 38 天。雏鸟晚成性，孵出后由雌、雄亲鸟共同抚育，大约经过 42 天的巢期生活后，幼鸟即可飞翔。

居留型 留鸟（R）。

保护与濒危等级 国家二级重点保护野生动物;《中国生物多样性红色名录》无危（LC）;《IUCN 红色名录》无危（LC）。

保护区相关记录 首次记录为翁少平（2014）。张雁云（2017）也有记录。

59 蛇雕 大冠鹫、蛇鹰、白腹蛇雕

Spilornis cheela (Latham, 1790)

目 鹰形目 ACCIPITRIFORMES
科 鹰科 Accipitridae

英文名 Crested Serpent Eagle

形态特征 中型猛禽，体长 55~73cm。雌、雄同形。前额白色，头顶黑色，羽基白色；枕部有大而显著的黑色羽冠，通常呈扇形展开，其上有白色横斑。上体灰褐色至暗褐色，具窄的白色或淡棕黄色羽缘；尾上覆羽具白色尖端，尾黑色，具 1 条宽阔的白色或灰白色中央横带和窄的白色尖端；翅上小覆羽褐色或暗褐色，具白色斑点，飞羽黑色，具白色端斑和淡褐色横斑。喉和胸灰褐色或黑色，具淡色或暗色虫蠹状斑；其余下体灰皮黄色或棕褐色，具丰富的白色圆形细斑；翼下覆羽和腋羽皮黄褐色，亦被白色圆形细斑。幼鸟头顶和羽冠白色，具黑色尖端，贯眼纹黑色，背暗褐色，杂有白色斑点；下体白色，喉和胸具暗色羽轴纹，覆腿羽具横斑；尾灰色，具 2 道宽阔的黑色横斑和黑色端斑。虹膜黄色；嘴蓝灰色，先端较暗，蜡膜铅灰色或黄色；跗跖裸出，被网状鳞，黄色，趾亦为黄色，爪黑色。

栖息环境 栖息和活动于山地森林及其林缘开阔地带，单独或成对活动。常在高空翱翔和盘旋，停飞时多栖息于较开阔地区的枯树顶端枝杈上。

生活习性 飞行时常在晴朗的天气，单独或小群随上升热气流旋至空中展翅翱翔，在稍向前倾的宽长双翼下，一白色横带清晰、明显，并发出嘹亮上扬的长哨音“忽溜－忽溜－”，为野外辨识主要特征。气候不佳时甚少活动，常停栖息于枯木或密林群居。飞行

时两翅扇动缓慢、从容不迫，同时也能高速地在茂密的森林中飞行和追捕食物，飞行技巧相当高超，有时也在森林上空盘旋和滑翔。主要以各种蛇类为食，也吃蜥蜴、蛙、鼠、鸟和甲壳动物。捕蛇和吃蛇的方式都十分奇特。它先是站在高处，或者盘旋于空中窥视地面，发现蛇后，便从高处悄悄地落下，用双爪抓住蛇体，利嘴钳住蛇头，翅膀张开，支撑于地面，以保持平稳。很多体形较大的蛇并不会俯首就擒，常常疯狂地扭动，企图用身体缠绕蛇雕的身体或翅膀。蛇雕则不慌不忙，一边继续抓住蛇的头部和身体不放，一边不时地甩动着翅膀，摆脱蛇的反扑，当蛇渐渐体力不支，失去反抗能力时才开始吞食。

地理分布 保护区各地广布，见于乌岩尖、竖半天、碑排、道均垟、上芳香、坑头、石鼓背、火烧座等地。浙江省内见于杭州、绍兴、宁波、金华、衢州、温州、丽水。国内分布于浙江、黑龙江、辽宁、北京、河南南部、陕西南部、云南南部、四川、贵州、安徽、江西、江苏、福建、广东、香港、澳门、广西。

繁殖 繁殖期 4—6 月。营巢于森林中高树顶端枝杈上。巢由枯枝构成，呈盘状。每窝产卵 1 枚。卵白色，微具淡红色斑点，大小为（66.3~73.1mm）×（54.0~58.2mm）。雌鸟孵卵，孵化期 35 天。雏鸟晚成性，孵出后由亲鸟抚养到 60 天左右才能飞翔。

居留型 留鸟（R）。

保护与濒危等级 国家二级重点保护野生动物；《中国生物多样性红色名录》近危（NT）；《IUCN 红色名录》无危（LC）。

保护区相关记录 首次记录为翁少平（2014）。张雁云（2017）也有记录。

60 凤头鹰 凤头苍鹰

Accipiter trivirgatus (Temminck, 1824)

目 鹰形目 ACCIPITRIFORMES
科 鹰科 Accipitridae

英文名 Crested Goshawk

形态特征 中型猛禽，体长 41~49cm。雌、雄近似。雌鸟显著大于雄鸟。前额、头顶、后枕及其羽冠黑灰色；头和颈侧较淡，具黑色羽干纹。上体暗褐色，尾覆羽尖端白色；尾淡褐色，具白色端斑和 1 道隐蔽而不甚显著的横带、4 道显露的暗褐色横带；飞羽亦具暗褐色横带，且内翈基部白色。颏、喉和胸白色，颏和喉具一黑褐色中央纵纹；胸具宽的棕褐色纵纹；胸以下具暗棕褐色与白色相间排列的横斑，尾下覆羽白色。幼鸟上体暗褐色，具茶黄色羽缘，后颈茶黄色，微具黑色斑；头具宽的茶黄色羽缘。下体皮黄白色或淡棕色或白色，喉具黑色中央纵纹，胸、腹具黑色纵纹或纵向黑色斑点。虹膜金黄色；嘴角褐色或铅色，嘴峰和嘴尖黑色，口角黄色，蜡膜和眼睑黄绿色；脚和趾淡黄色，爪角黑色。上喙边缘具弧形垂突，适于撕裂猎物。

栖息环境 栖息于海拔 2000m 以下的山地森林和山脚林缘地带，也出现在竹林和小面积树林地带，偶尔也到山脚平原和村庄附近活动。

生活习性 性善隐藏而机警，常躲藏在树叶丛中，有时也栖息于空旷处孤立的树枝上。日出性。多单独活动，飞行缓慢，也飞不很高，有时也利用上升的热气流在空中盘旋和翱翔，盘旋时两翼常往下压和抖动。领域性甚强。叫声较为沉寂，为“he-he-he-he-he-he”的尖厉叫声及拖长的吠声。在森林中的地面上捕食，常躲藏在树枝丛间，发现猎物时才突然出击。主要以蛙、蜥蜴、鼠类、昆虫等动物性食物为食。

地理分布 保护区记录于木岱山、道均垟、叶山、石鼓背、黄桥等地。浙江省各地广布。国内分布于浙江、北京、河南、陕西南部、西藏南部、云南、四川、重庆、贵州、湖北、湖南、安徽、江西、江苏、上海、福建、广东、香港、澳门、广西、海南。

繁殖 繁殖期 4—7 月。繁殖期常在森林上空翱翔，同时发出响亮叫声。营巢于针叶林或阔叶林中高大的树上，距地高 6~30m。巢较粗糙，主要由枯树枝堆集而成，内放一些绿叶。巢多在河岸或水塘旁边，离水域不远。如果繁殖成功，巢下一年还将继续使用。每窝通常产卵 2~3 枚。卵为椭圆形，大小为（43~54mm）×（37~41mm）。孵卵期间领域性极强，有时甚至攻击靠近巢穴的人。

居留型 留鸟（R）。

保护与濒危等级 国家二级重点保护野生动物；《中国生物多样性红色名录》近危（NT）；《IUCN 红色名录》无危（LC）。

保护区相关记录 2020 年科考新增物种。

61 赤腹鹰 鹅鹰、鸽子鹰

Accipiter soloensis (Horsfield, 1821)

目 鹰形目 ACCIPITRIFORMES
科 鹰科 Accipitridae

英文名 Chinese Goshawk

形态特征 小型猛禽，体长 26~36cm。雄鸟头至背蓝灰色，翼和尾灰褐色，外侧尾羽有 4~5 条暗色横斑；颏、喉乳白色，胸和两胁淡红褐色，下胸分布少数不明显的横斑，腹中央和尾下覆羽白色。雌鸟似雄鸟，但体色稍深，胸棕色较浓，且具有较多的灰色横斑。幼鸟上体暗褐色，下体白色，胸有纵纹，腹有棕色横斑。飞翔时白色翼下与黑色外侧初级飞羽形成明显对比，野外特征明显。虹膜淡黄色或黄褐色；嘴黑色，下嘴基部淡黄色，蜡膜黄色；脚和趾橘黄色或肉黄色，爪黑色。

栖息环境 栖息于山地森林和林缘地带，也见于低山丘陵和山麓平原地带的小块树林、农田边缘和村庄附近。

生活习性 常单独或成小群活动，休息时多停息在树木顶端或电线杆上。性善隐藏而机警，常躲藏在树叶丛中，有时也栖息于空旷处孤立的树枝上。日出性。利用上升的热气流在空中盘旋和翱翔，盘旋时两翼常往下压和抖动。领域性甚强，捕食动作快，有时在上空盘旋鸣叫。繁殖期发出一连串快速而尖厉的带鼻音笛声。常站在树顶等高处，见到猎物则突然冲下捕食。主要以蛙、蜥蜴等动物性食物为食，也吃小型鸟类、鼠类和昆虫。

地理分布 保护区记录于杨山后、叶山、新桥、西坑、瓮溪、丁步头、榅垟等地。浙江省各地广布。国内分布于浙江、辽宁、北京、天津、河北、山东、河南、山西、陕西、甘肃、云南中部、四川、重庆、贵州、湖北、湖南、安徽、江西、江苏、上海、福建、广东、香港、澳门、广西、海南、台湾。

繁殖 繁殖期 5—6 月。雄鹰此时特别兴奋，常激动地向异性发出声似“keee-keee”的炫耀性鸣叫，即使在筑巢时同样也啸鸣不止。巢位于林中的树丛上，用枯枝和绿叶构成。每窝产卵 2~5 枚。卵呈卵圆形，淡青白色，具不明显的褐色斑点，大小为（34~38mm）×（29~30mm）。雌鹰单独孵卵，孵化期约 30 天，每天都要增加新鲜绿叶作为鸟巢的铺垫物。

居留型 夏候鸟（S）。

保护与濒危等级 国家二级重点保护野生动物；《中国生物多样性红色名录》无危（LC）；《IUCN 红色名录》无危（LC）。

保护区相关记录 首次记录为翁少平（2014）。张雁云（2017）也有记录。

62 松雀鹰 松子鹰

Accipiter virgatus (Temminck, 1822)

目 鹰形目 ACCIPITRIFORMES
科 鹰科 Accipitridae

英文名 Besra

形态特征 小型猛禽，体长 28~38cm。雄鸟整个头顶至后颈石板黑色，头顶缀有棕褐色；眼先白色；头侧、颈侧和其余上体暗灰褐色；颈项和后颈基部羽毛白色；肩和三级飞羽基部有白斑，其中以三级飞羽基部白斑最大；次级飞羽和初级飞羽外翈具黑色横斑，内翈基部白色，具褐色横斑；尾和尾上覆羽灰褐色，尾具 4 道黑褐色横斑。颏和喉白色，具有 1 条宽阔的黑褐色中央纵纹；胸和两胁白色，具宽而粗著的灰栗色横斑；腹白色，具灰褐色横斑；覆腿羽白色，亦具灰褐色横斑；尾下覆羽白色，具少许断裂的暗灰褐色横斑。雌鸟与雄鸟相似，但上体褐色更浓，头暗褐色。下体白色，喉部中央具宽的黑色中央纹，胸亦具褐色纵纹，腹和两胁具横斑。虹膜金黄色；嘴铅蓝色，先端黑色；跗跖、趾黄色，爪黑色。

栖息环境 栖息于茂密的针叶林、常绿阔叶林以及开阔的林缘疏林地带，冬季常到山脚和平原地带的小块树林、竹园、河谷地带，也出现在低山丘陵、草地和果园。

生活习性 常单独或成对在林缘和树林边等较为空旷处活动和觅食。性机警。常站在林缘高大的枯树顶枝上，偷袭过往小鸟，并不时发出尖锐的叫声，飞行迅速，亦善于滑翔。主要以各种小鸟为食，也吃蜥蜴、蝗虫及甲虫等昆虫、小型鼠类。

地理分布 保护区记录于何园、金竹坑、石鼓背等地。浙江省内见于嘉兴、杭州、绍兴、宁波、舟山、台州、金华、衢州、温州、丽水。国内分布于浙江、黑龙江、山东、河南南部、陕西南部、内蒙古、甘肃南部、西藏东南部、云南、四川、重庆、贵州、湖北、湖南、安徽、江西、江苏、上海、广东、广西、海南。

繁殖 繁殖期 4—6 月。营巢于茂密森林中枝叶茂盛的高大树木上部，位置较高，且有枝叶隐蔽，一般难以发现。巢主要由细树枝构成，内面放有一些绿叶，也常常修理和利用旧巢。每窝产卵 3~4 枚，偶尔 2 枚和 5 枚。卵大小为（34~41mm）×（28~32mm），通常为白色，被灰色云状斑和红褐色斑点，尤以钝端较多。

居留型 留鸟（R）。

保护与濒危等级 国家二级重点保护野生动物；《中国生物多样性红色名录》无危（LC）；《IUCN 红色名录》无危（LC）。

保护区相关记录 首次记录为第一次综合科考（1984）。翁少平（2014）、张雁云（2017）也有记录。

63 雀鹰 雀鹞

Accipiter nisus (Linnaeus, 1758)

目 鹰形目 ACCIPITRIFORMES
科 鹰科 Accipitridae

英文名 Eurasian Sparrowhawk

形态特征 小型猛禽，体长 31~41cm。雄鸟额至后颈呈暗青灰色，后颈羽基白色；背、肩、腰及尾上覆羽青灰色；尾羽灰褐色，有 5 条黑褐色横斑，羽端灰白色。下体白色，喉部有黑褐色细纵纹；胸、胁及腹部有赤褐和暗褐色横斑；覆腿羽横斑较狭。雌鸟体形较雄鸟大。上体及两翼的表面暗灰褐色；眉纹白色，杂以黑纹；耳羽深栗褐色；后颈羽基亦为白色；飞羽内翈有黑褐色横斑并缀白斑或棕白斑，外翈则隐现暗色横斑，尾羽也带有横斑。下体白色；颏、喉部纵纹较雄鸟稍宽，胸羽密布褐色沾棕的横斑，下腹及覆腿羽的横斑较窄；肛周及尾下覆羽微缀褐斑。虹膜橙黄色；嘴暗铅灰色，尖端黑色，基部黄绿色，蜡膜黄色或黄绿色；脚和趾橙黄色，爪黑色。

栖息环境 栖息于针叶林、混交林、阔叶林等山地森林和林缘地带，冬季主要栖息于低山丘陵、山脚平原、农田地边和村庄附近，尤其喜欢在林缘、河谷、农田附近的小块树林地带活动。喜在高山幼树上筑巢。

生活习性 日出性。常单独生活，或飞翔于空中，或栖息于树上和电线杆上。飞翔时先两翅快速鼓动飞翔一阵，接着滑翔，两者交互进行。飞行有力而灵巧，能巧妙地在树丛间

穿行飞翔。喜欢从栖处或飞行中捕食。飞行能力很强，速度极快，每小时可达数百公里。主要以昆虫和鼠类等为食，也捕鸠鸽类和鹑鸡类等体形稍大的鸟类、野兔、蛇等。发现地面上的猎物后，就急转直下，突然扑向猎物，用锐利的爪捕猎，然后飞回栖息的树上，用爪按住猎物，用嘴撕裂吞食。

地理分布 保护区记录于里光。浙江省各地广布。除西藏、青海外，分布于国内各省份。

繁殖 繁殖期5—7月。营巢于森林中的树上，距地高4~14m。巢通常放在靠近树干的枝杈上。常在中等大小的椴树、红松树或落叶松等阔叶或针叶树上营巢，有时也利用其他鸟巢。巢区和巢均较固定，常多年利用。巢呈碟形，主要由枯树枝构成，内垫树枝和树叶。每窝产卵通常3~4枚，偶尔有5~7枚和少至2枚的，通常间隔1天产1枚卵。卵呈椭圆形或近圆形，鸭蛋青色，光滑无斑，平均大小为29.8mm × 38.6mm，重17~18g。雌鸟孵卵，雄鸟偶尔参与，孵化期32~35天。雏鸟晚成性，经过24~30天的巢期生活，幼鸟即具飞翔能力和离巢。

居留型 冬候鸟（W）。

保护与濒危等级 国家二级重点保护野生动物；《中国生物多样性红色名录》无危（LC）；《IUCN红色名录》无危（LC）。

保护区相关记录 首次记录为第一次综合科考（1984）。翁少平（2014）、张雁云（2017）也有记录。

64 苍鹰 牙鹰、黄鹰、鹞鹰

Accipiter gentilis (Linnaeus, 1758)

目 鹰形目 ACCIPITRIFORMES
科 鹰科 Accipitridae

英文名 Northern Goshawk

形态特征 中型猛禽，体长46~60cm。雄鸟前额、头顶、枕和头侧黑色，眉纹白色且杂以黑色羽干纹；上体余部包括尾及两翼大都暗灰褐色。飞羽有暗褐色横斑，其内翈杂以灰白色块斑；尾上覆羽有不明显的白斑；尾羽带有宽阔的黑褐色横斑，端缘近白色。下体白色；颏、喉杂以黑褐色纵纹；胸、腹、两胁及覆腿羽均满布黑褐色横斑，翼下覆羽亦然；肛周及尾下覆羽纯白色。雌鸟与雄鸟羽色相似，但较暗，体形较大。亚成鸟上体都为褐色，有不明显暗斑点。眉纹不明显；耳羽褐色；腹部淡黄褐色，有黑褐色纵向点斑。幼鸟上体褐色，羽缘淡黄褐色；飞羽褐色，具暗褐色横斑和污白色羽端；头侧、颏、喉、下体棕白色，有粗的暗褐羽干纹；尾羽灰褐色，具4~5条比成鸟更显著的暗褐色横斑。虹膜金黄色；嘴黑色，基部沾暗蓝色；蜡膜和跗跖、趾黄绿色，爪黑色。

栖息环境 栖息于不同海拔高度的针叶林、混交林和阔叶林等森林地带，也见于山麓平原、丘陵地带的疏林和小块林内。

生活习性 白天活动，视觉敏锐，善于飞翔，性甚机警，亦善隐藏。通常单独活动，叫声尖锐洪亮。在空中翱翔时两翅水平伸直，或稍稍向上抬起，偶尔亦伴随着两翅的扇动，但除迁徙期间外，很少在空中翱翔，飞行快而灵活，能利用短圆的翅膀和长的尾羽来调节速度、改变方向，在林中忽上忽下、忽高忽低穿行，并能加快飞行速度在树林中追捕猎物，有时也在林缘开阔地上空飞行或沿直线滑翔，边飞边窥视地面动物活动。一旦发现森林中的鼠类、野兔、雉类、鸠鸽类和其他中小型鸟类，则迅速俯冲，呈直线追击，用利爪抓捕猎物，带回栖息的树上撕裂后啄食。

地理分布 保护区记录于上芳香。浙江省内见于杭州、绍兴、宁波、金华、衢州、温州、丽水。除台湾外，分布于国内各省份。

繁殖 繁殖期4—7月。营巢于森林中高大乔木上，常利用其他猛禽的旧巢。巢距离地面4~15m，多呈皿状，主要用松树枝和其他枯枝构成。巢外径60~75cm，内径20~25cm，深1~5cm，高30~60cm。每窝产卵2~4枚。卵椭圆形，青色且具淡褐色或青灰色斑。主要由雌鸟孵卵，孵化期35~39天。雏鸟晚成性，由雌、雄亲鸟共同育雏，以雌鸟为主，雄鸟主要是警戒，大约经过45天后幼鸟即可飞翔和离巢。

居留型 冬候鸟（W）。

保护与濒危等级 国家二级重点保护野生动物；《中国生物多样性红色名录》近危（NT）；《IUCN红色名录》无危（LC）。

保护区相关记录 首次记录为翁少平（2014）。张雁云（2017）也有记录。

65 普通鵟 鸡母鹞

Buteo japonicus Temminck & Schlegel, 1845

目 鹰形目 ACCIPITRIFORMES
科 鹰科 Accipitridae

英文名 Common Buzzard

形态特征 中型猛禽，体长 50~59cm。体色变化较大，有淡色型、棕色型和暗色型 3 种色型。上体主要为暗褐色，下体主要为暗褐色或淡褐色，带有深棕色横斑或纵纹，尾淡灰褐色，有多道暗色横斑。飞翔时两翼宽阔，初级飞羽基部有明显的白斑，翼下白色，仅翼尖、翼角和飞羽外缘黑色（淡色型）或全为黑褐色（深色型），尾散开成扇形。翱翔时两翅微向上举成浅 V 形，野外特征明显。虹膜淡褐色或黄色；嘴黑褐色，基部沾蓝色；蜡膜和跗跖、趾淡棕黄色或绿黄色，爪黑色。

栖息环境 繁殖期主要栖息于海拔 400~2000m 的山地森林和林缘地带，秋冬季节则多出现在低山丘陵和山脚平原地带。

生活习性 多单独活动，有时亦见 2~4 只在天空盘旋。活动主要在白天，性机警，视觉敏锐。善飞翔，每天大部分时间都在空中盘旋滑翔，宽阔的两翅左右伸开，并稍向上抬起成浅 V 形，短而圆的尾成扇形展开，姿态极为优美。主要以森林鼠类为食，食量甚大，曾在 1 只胃中发现 6 只老鼠。除啮齿类外，也吃蛙、蜥蜴、蛇、野兔、小鸟和大型昆虫等动物性食物，有时亦到村庄捕食鸡等家禽。捕食方式主要是在空中盘旋飞翔，一旦发现地面猎物，突然快速俯冲而下，用利爪抓捕。此外，也栖息于树枝或电线杆等高处等待猎物，当猎物出现时突袭捕猎。

地理分布 保护区记录于上芳香、何园、黄桥等地。浙江省各地广布。国内见于各省份。

繁殖 繁殖期 5—7 月。通常营巢于林缘或森林中高大的树上，尤喜针叶树。通常置巢于树冠上部近主干的枝杈上，距地高 7~15m。也有营巢于悬崖上的，有时也侵占乌鸦巢。巢结构较简单，主要由枯树枝堆集而成，内垫松针、细枝条和枯叶，有时也垫羽毛和兽毛；巢的大小为外径 60~90cm，内径 20~30cm，高 40~60cm，深 10cm。每窝产卵 2~3 枚，偶尔也有多至 6 枚和少至 1 枚的。卵为青白色，被栗褐色、紫褐色斑点和斑纹，大小为（50~61mm）×（41~48mm）。第 1 枚卵产出后即开始孵卵，由雌、雄亲鸟共同承担，以雌鸟为主，孵化期约 28 天。雏鸟晚成性，孵出后由雌、雄亲鸟共同喂养，经过 40~45 天，幼鸟即能飞翔和离巢。

居留型 冬候鸟（W）。

保护与濒危等级 国家二级重点保护野生动物；《中国生物多样性红色名录》无危（LC）；《IUCN 红色名录》无危（LC）。

保护区相关记录 首次记录为翁少平（2014）。张雁云（2017）也有记录。

66 林雕 树雕、树鹰

Ictinaetus malaiensis (Temminck, 1822)

目 鹰形目 ACCIPITRIFORMES
科 鹰科 Accipitridae

英文名 Black Eagle

形态特征 大型猛禽，体长 66~76cm。雌、雄同形。通体为黑褐色，嘴较小，上嘴缘几乎是直的，跗跖被羽。尾较长而窄，方尾，尾上有多条淡色横斑和宽阔的黑色端斑；飞翔时从下面看两翅宽长，翅基较窄，后缘略突出，冬季初级飞羽基部有淡灰白色带。幼鸟上体羽毛较淡，有淡色斑点，尾上有淡色横斑。下体黄褐色，有暗色纵纹，翼下覆羽亦为黄褐色，与暗色飞羽形成明显对照，初级飞羽基部亦有灰白色横带，飞翔时甚明显。虹膜暗褐色；嘴铅色，尖端黑色，蜡膜和嘴裂黄色；趾黄色，爪黑色。

栖息环境 栖息于山地森林中，特别是中低山地区的阔叶林和混交林地区，有时也沿着林缘地带飞翔巡猎，但从不远离森林，是一种完全以森林为其栖息环境的猛禽。

生活习性 飞行时两翅扇动缓慢，同时也能高速地在茂密的森林中飞行和追捕猎物，有时也在森林上空盘旋和滑翔，飞行技巧相当高超。不善鸣叫。有时静静地站在悬崖岩石上或空旷地区的高大树上，当有猎物出现时，突然冲下扑向猎物；有时则盘旋在高空觅找猎物；有时则掠地而过，在低空飞行中捕食；有时则快速而敏捷地扇动两翅，跟踪猎物飞行追捕。主要以鼠类、蛇类、雉鸡、蛙、蜥蜴、小鸟和鸟卵、大的昆虫等动物性食物为食。

地理分布 保护区记录于道均垟、乌岩尖、上芳香、双坑口、茶坪等地。浙江省内见于杭州、绍兴、宁波、衢州、温州、丽水。国内分布于浙江、陕西、西藏、青海、云南、四川、安徽、江西、江苏、福建、广东、海南、台湾。

繁殖 繁殖期 11 月到翌年 3 月。营巢于从山脚到海拔 2000m 以上的茂密的常绿阔叶林或落叶阔叶林中，多置于高大乔木的上部。巢的大小变化较大，有的较为松散庞大。每窝通常产卵 1 枚，偶尔多至 2 枚。卵白色或灰白色，有的仅被少许粉红色的斑点，有的被砖红色、灰褐色、深褐色或红褐色斑点，平均大小为 63mm × 50mm。雌鸟孵卵，护巢性甚为强，如果有人进入巢区或者想取走卵，它就会猛烈地攻击，如果不被杀死，很难取走它的卵或者雏鸟，因此是一种极为凶猛和富有攻击性的森林猛禽。繁殖期过后，有一部分种群进行游荡性的生活。

居留型 留鸟（R）。

保护与濒危等级 国家二级重点保护野生动物；《中国生物多样性红色名录》易危（VU）；《IUCN 红色名录》无危（LC）。

保护区相关记录 首次记录为翁少平（2014）。张雁云（2017）也有记录。

67 金雕 金鹫、洁白雕

Aquila chrysaetos (Linnaeus, 1758)

目 鹰形目 ACCIPITRIFORMES
科 鹰科 Accipitridae

英文名 Golden Eagle

形态特征 大型猛禽，体长78~105cm。头顶黑褐色，后头至后颈羽毛尖长，呈柳叶状，羽基暗赤褐色，羽端金黄色，带有黑褐色羽干纹。上体暗褐色，肩部较淡，背肩部微缀紫色光泽；尾上覆羽淡褐色，尖端近黑褐色，尾羽灰褐色，有不规则的暗灰褐色横斑或斑纹和一宽阔的黑褐色端斑；翅上覆羽暗赤褐色，羽端较淡，为淡赤褐色；初级飞羽黑褐色，内侧初级飞羽内翈基部灰白色，缀杂乱的黑褐色横斑或斑纹；次级飞羽暗褐色，基部有灰白色斑纹，耳羽黑褐色。下体颏、喉和前颈黑褐色，羽基白色；胸、腹亦为黑褐色，羽轴纹较淡，覆腿羽、尾下覆羽、翅下覆羽及腋羽均为暗褐色，覆腿羽上有赤色纵纹。虹膜栗褐色；嘴端部黑色，基部蓝灰色，嘴裂黄色；蜡膜和趾黄色，爪黑色。

栖息环境 栖息于高山森林、河谷地带，冬季亦常在低山丘陵和山脚平原地带活动。

生活习性 白天通常单独或成对活动，冬天有时会结成较小的群体，偶尔也能见到20只左右的大群。性情凶猛，或为北半球攻击力最强的猛禽。善于翱翔和滑翔，常在高空中一边直线滑翔或圆圈状盘旋，一边俯视地面寻找猎物，两翅上举略呈V形，通过两翼和尾的微妙调节来控制飞行的方向、高度、速度和飞行姿势。发现目标后，收拢翅膀，以极高的速度俯冲，并在最后一刹那伸展翅膀减速，同时牢牢地抓住猎物的头部，将利爪戳进猎物的头骨，使其立即丧命。它捕食的猎物主要有雁鸭类、雉鸡类、狍子、鹿、山羊、狐狸、旱獭、野兔等，有时也吃鼠类等。在捕到较大的猎物时，就在地面上将其肢解，先吃掉未腐烂的肉和心、肝、肺等内脏部分，然后将剩下的分成两半，分批带回栖宿的地方。

地理分布 早期科考资料有记载，但本次调查未见。浙江省内见于衢州、温州、丽水。除黑龙江、吉林、广西、海南、台湾外，分布于国内各省份。

繁殖 繁殖期3—5月。筑巢于针叶林、针阔叶混交林或疏林内高大的乔木之上，距地面高度为10~20m。有时也筑巢于山区悬崖峭壁、凹处石沿、侵蚀裂缝、浅洞等处，巢的上方多有突起的岩石可以遮雨，大多数背风向阳，位置险峻，难以攀登接近。巢由枯树枝堆积成盘状，结构十分庞大，外径近2m，高达1.5m，巢内铺垫细枝、松针、草茎、毛皮等物。有时还要筑一些备用的巢，以防万一。每窝产卵2枚，偶尔有少至1枚和多至3枚的。卵呈卵圆形，肮白色或青灰白色，具红褐色斑点和斑纹，大小为（74~78mm）×（57~60mm）。第1枚卵产出后即开始孵卵，雌、雄亲鸟轮流孵卵，孵化期45天。雏鸟晚成性，3个月以后开始长羽毛，孵出后经亲鸟共同抚育80天即可离巢。

居留型 留鸟（R）。据《浙江动物志》记载在浙江省景宁为留鸟，但近年来省内鲜有观察记录。冬季偶见个别亚成鸟出现于浙江省南部山区，推测为北方游荡至此的迷鸟。

保护与濒危等级 国家一级重点保护野生动物;《中国生物多样性红色名录》易危（VU）;《IUCN 红色名录》无危（LC）。

保护区相关记录 首次记录为翁少平（2014）。张雁云（2017）也有记录。

68 白腹隼雕 白腹山雕

Aquila fasciata Vieillot, 1822

目 鹰形目 ACCIPITRIFORMES
科 鹰科 Accipitridae

英文名 Bonelli's Hawk Eagle

形态特征 大型猛禽，体长 70~73cm。雌、雄同形。成鸟上体自头顶至尾上覆羽大都暗褐色，尾羽干纹黑褐色，羽基白色，尾上覆羽杂以白色波纹；尾羽灰色，布有黑褐色的宽阔次端斑和狭窄的波状横斑，外侧尾羽内翈缀以白斑；飞羽黑褐色，外翈沾灰色，内翈基部杂以白色波纹。下体白色，有黑褐色羽干纹；尾下覆羽及覆腿羽淡褐色，羽干纹黑褐色；跗跖全部被羽。幼鸟全身大致棕褐色，仅翼下飞羽及尾羽污白色，并带有暗色细横纹；翼下覆羽后缘灰褐色；翼尖暗色，但翼后缘及尾端均无黑色横带。虹膜褐色；嘴黄灰色，先端和基部黑色，蜡膜黄色；趾柠檬黄色，爪黑色。

栖息环境 繁殖期主要栖息于低山丘陵和山地森林中的悬崖、河谷岸边的岩石上，尤其是富有灌丛的荒山和有稀疏树木生长的河谷地带。非繁殖期也常沿着海岸、河谷进入山脚平原、沼泽。

生活习性 性情较为大胆而凶猛，行动迅速，飞翔时速度很快，常单独活动，不善于鸣叫。飞翔时两翅不断扇动，多在低空鼓翼飞行，很少在高空翱翔和滑翔。主要捕食对象为鼠类、中小型鸟类，也吃野兔、爬行类和大型昆虫。

地理分布 保护区记录于石鼓背、黄桥。浙江省内见于杭州、宁波、台州、金华、衢州、温州、丽水。国内分布于浙江、北京、河北、河南、云南东部、四川、贵州、湖北、江西、江苏、上海、福建、广东、香港、澳门、广西。

繁殖 繁殖期 3—5 月。营巢于河谷岸边的悬崖上或树上。巢的结构较庞大，主要由枯树枝构成，内垫少许细枝。每窝产卵 1~3 枚，通常 2 枚。卵的形状为卵圆形，颜色为白色，一般没有斑点，有的在钝端有少许黄褐色斑，大小为（65~71mm）×（51~57mm）。孵卵由亲鸟轮流承担，护巢性很强，孵化期为 43 天左右。雏鸟晚成性，刚孵出的时候全身被白色绒羽，由亲鸟共同喂养 60~80 天羽毛才能丰满和离巢。

居留型 留鸟（R）。

保护与濒危等级 国家二级重点保护野生动物；《中国生物多样性红色名录》易危（VU）；《IUCN 红色名录》无危（LC）。

保护区相关记录 首次记录为第一次综合科考（1984）。

69 鹰雕 熊鹰、赫氏角鹰

Nisaetus nipalensis Hodgson, 1836

目 鹰形目 ACCIPITRIFORMES
科 鹰科 Accipitridae

英文名 Mountain Hawk Eagle

形态特征 大型猛禽，体长 64~80cm。上体暗褐色，头后有长的黑色羽冠，常常垂直竖立于头上，腰和尾上覆羽有淡白色横斑，尾有宽阔的黑色和灰白色交错排列的横带，头侧、颈侧有黑色和皮黄色条纹。喉和胸白色，喉有显著的黑色中央纵纹，胸有黑褐色纵纹；腹密被淡褐色和白色交错排列的横斑；跗跖被羽，与覆腿羽一样有淡褐色和白色交错排列的横斑。飞翔时两翼宽阔，翼下和尾下被以黑色和白色交错的横斑，极为醒目。虹膜金黄色；嘴黑色，蜡膜黑灰色；脚和趾黄色，爪黑色。

栖息环境 繁殖期大多栖息于不同海拔高度的山地森林地带，常在阔叶林和混交林中活动，也出现在茂密的针叶林中。冬季多下到低山丘陵、山脚平原地区的阔叶林和林缘地带活动。

生活习性 日出性，经常单独活动。飞翔时翅膀平伸，扇动较慢，有时也在高空盘旋，常站立在密林中枯死的乔木上。叫声十分嘈杂。主要以猕猴、野兔、野鸡、蛇类、蜥蜴、鼬科动物和鼠类等为食，也捕食小鸟和大的昆虫，偶尔还捕食鱼类。

地理分布 保护区记录于上芳香、石鼓背、上燕等地。浙江省内见于湖州、杭州、宁波、台州、衢州、温州、丽水。国内分布于浙江、陕西、甘肃、西藏南部和东南部、云南西部、四川、湖北、安徽、江西、江苏、福建、广东、香港、广西、海南、台湾。

繁殖 繁殖期 4—6 月。营巢于山地森林中高大的乔木上。巢由枯树枝构成，结构较庞大，通常位于树上部靠主干的枝杈上。每窝产卵通常 2 枚，也有少至 1 枚和多至 3 枚的。卵呈卵圆形，淡灰白色或白色，无斑或有不清晰的淡红色斑点，大小为（65~73mm）×（51~57mm）。

居留型 留鸟（R）。

保护与濒危等级 国家二级重点保护野生动物；《中国生物多样性红色名录》近危（NT）；《IUCN 红色名录》无危（LC）。

保护区相关记录 首次记录为翁少平（2014）。张雁云（2017）也有记录。

70 领角鸮 猫头鹰

Otus lettia (Hodgson, 1836)

目 鸮形目 STRIGIFORME
科 鸱鸮科 Strigidae

英文名 Collared Scops Owl

形态特征 小型鸮类，体长 20~27cm。雌、雄相似。成鸟额至眼上方灰白色，缀以暗褐色狭纹和细点；面盘灰白色沾棕色，且杂以褐色细纹，眼先羽端沾黑褐色，眼周前上部为栗褐色；翈领棕白色，杂以黑褐色羽端和横纹；头顶两侧有长形耳状羽突，其外翈黑褐色并带有棕色斑，内翈棕白色而杂以暗褐色虫蠹状点斑。上体及两翼的表面棕褐色，带有黑褐色串珠状羽干纹，两翈布满同色虫蠹状细斑，并散缀淡棕黄色至棕白色眼斑；头顶羽干纹较显著；后颈有大而多的眼状斑，呈现 1 道不完整的半领圈；初级覆羽和外侧飞羽黑褐色；尾羽约有 6 道黑褐与栗棕色相间的横斑，各斑均缀虫蠹状纹。下体灰白色沾淡棕黄色，羽干纹黑褐色，且密布同色虫蠹状波纹；尾下覆羽棕白色，先端微缀黑褐色羽干纹和虫蠹状纹；覆腿羽棕黄色，近趾基转为棕白色，并杂以黑褐斑。幼鸟通体污褐色，杂以棕白色细斑点，腹面较淡，呈灰褐色，除飞羽和尾羽外，均呈绒羽状；初级飞羽黑褐色，内翈具灰黑色横斑，外翈具棕白色大斑；其余飞羽浅黑褐色，具污灰色和棕色斑；尾黑褐色，具浅棕色虫蠹状斑；覆腿羽白色。虹膜浅褐色；嘴呈沾绿色，先端黄色；趾浅褐色，爪黄色。

栖息环境 主要栖息于山地阔叶林和混交林中，也出现于山麓林缘和村寨附近树林内。

生活习性 除繁殖期成对活动外，通常单独活动。夜行性，白天多躲藏在树上茂密的枝叶丛间，晚上才开始活动和鸣叫。鸣声低沉，为“不－不－不”或“bo-bo-bo”的单音，常连续重复 4~5 次。飞行轻快无声。主要以鼠类、壁虎、蝙蝠、蝗虫、鞘翅目昆虫为食。

地理分布 保护区记录于金竹坑、黄家岱、双坑口等地。浙江省内见于杭州、绍兴、宁波、舟山、台州、金华、衢州、温州、丽水。国内分布于浙江、河南、山西、云南、四川、重庆、贵州、湖北、湖南、安徽、江西、江苏、上海、福建、广东、香港、澳门、广西。

繁殖 繁殖期 3—6 月。通常营巢于天然树洞内，或利用啄木鸟废弃的旧树洞，偶尔也见利用喜鹊的旧巢，巢距地高 1.2~5.0m。每窝产卵 2~6 枚，多为 3~4 枚。卵呈卵圆形，白色，光滑无斑，大小为（35~38mm）×（30~32mm），重 17~19g。雌、雄亲鸟轮流孵卵。

居留型 留鸟（R）。

保护与濒危等级 国家二级重点保护野生动物；《中国生物多样性红色名录》无危（LC）；《IUCN 红色名录》无危（LC）。

保护区相关记录 首次记录为第一次综合科考（1984）。翁少平（2014）、张雁云（2017）也有记录。

71 红角鸮 普通角鸮、欧亚角鸮、欧洲角鸮

Otus sunia (Hodgson, 1836)

目 鸮形目 STRIGIFORME
科 鸱鸮科 Strigidae

英文名 Eurasian Scops Owl

形态特征 小型鸮类，体长 16~22cm。上体灰褐色（有棕栗色），有黑褐色虫蠹状细纹；面盘灰褐色，密布纤细黑纹；领圈淡棕色；耳羽基部棕色；头顶至背和翅覆羽杂以棕白色斑。飞羽大部黑褐色，尾羽灰褐色，尾下覆羽白色。下体大部红褐色至灰褐色，有暗褐色纤细横斑和黑褐色羽干纹。虹膜黄色；嘴暗绿色，先端近黄色；趾肉灰色，爪灰褐色。

栖息环境 主要栖息于山地阔叶林和混交林中，也出现于山麓林缘和村寨附近树林内，喜有树丛的开阔原野。

生活习性 除繁殖期成对活动外，通常单独活动。夜行性，白天多潜伏在树上茂密的枝叶丛间，晚上才开始活动和鸣叫，常从一棵树飞往另一棵树，飞行快而有力，悄然无声。鸣声为深沉单调的“chook”声，约 3 秒重复 1 次，声似蝉鸣。雌鸟叫声较雄鸟略高。主要以昆虫等小型无脊椎动物和啮齿类为食，也吃两栖类、爬行类和鸟类。

地理分布 保护区记录于双坑口、三插溪、丁步头。浙江省内见于杭州、宁波、舟山、金华、衢州、温州、丽水。国内分布于浙江、云南、四川、重庆、贵州、湖北、湖南、安徽、江西、江苏、上海、福建、广东、香港、广西、海南。

繁殖 繁殖期 5—8 月。营巢于树洞或岩石缝隙、人工巢箱中，有时也利用鸦科鸟类的旧巢。巢由枯草和枯叶构成，内垫苔藓和少许羽毛。每窝产卵 3~6 枚，多为 4 枚。卵呈卵圆形，白色，光滑无斑，大小为（29~34mm）×（25~29mm），重 9~14g。雌鸟孵卵，孵化期 24~25 天。雏鸟晚成性，在经过亲鸟 21 天的喂养，即可飞翔离巢。

居留型 留鸟（R）。

保护与濒危等级 国家二级重点保护野生动物；《中国生物多样性红色名录》无危（LC）；《IUCN 红色名录》无危（LC）。

保护区相关记录 首次记录为第一次综合科考（1984）。翁少平（2014）、张雁云（2017）也有记录。

72 黄嘴角鸮

Otus spilocephalus (Blyth, 1846)

目 鸮形目 STRIGIFORME
科 鸱鸮科 Strigidae

英文名 Mountain Scops Owl

形态特征 小型鸮类，体长 18~21cm。耳羽簇相当显著，棕褐色且具窄的黑色横斑，面盘亦为棕褐色，横斑黑色，下缘缀有白色。上体包括两翅和尾上覆羽大都棕褐色，缀以黑褐色虫蠹状细纹；后颈无领圈或领圈不明显；肩羽外翈白色，近尖端处黑色，并在肩部形成 1 道白色块斑；小翼羽暗棕褐色，外翈有 4 道浅黄色斑；初级飞羽暗棕褐色，内翈近基部有浅黄色斑，外翈为浅棕栗色，除第 1 枚有浅栗色横斑外，第 2~7 枚有白色与栗色相间横斑，其余飞羽外翈栗色，内翈暗棕褐色；尾下覆羽暗棕栗色而有细小横斑。尾棕栗色，有 6 道近黑色横斑。下体灰棕褐色，有白色、浅黄白色、灰色和棕色等十分斑驳的虫蠹状细斑和暗色纵纹；腹中部近棕白色，到肛区为近白色，亦具灰褐色虫蠹状斑。虹膜黄色，嘴角黄色，跗跖灰黄褐色。

栖息环境 主要栖息于海拔 2000m 以下的山地常绿阔叶林和混交林中，有时也到山脚林缘地带。

生活习性 夜行性，主要在夜晚和黄昏活动，白天多躲藏在阴暗的树叶丛间或洞穴中。多单独或成对活动。鸣声为连续上扬的双音节哨音，似“嘘、嘘－嘘、嘘－”声。主要以鼠类、蜥蜴、大的昆虫为食。

地理分布 保护区记录于丁步头、双坑口、黄桥等地。浙江省内见于丽水。国内分布于浙江、云南西南部、江西、福建、广东、澳门、广西、海南、台湾。

繁殖 繁殖期在 4—6 月。通常营巢于天然树洞或啄木鸟废弃的洞中。每窝产卵通常 3~4 枚，有时多至 5 枚和少至 2 枚。卵的大小为（31~34mm）×（27~29mm），平均 32mm × 28mm。

居留型 留鸟（R）。

保护与濒危等级 国家二级重点保护野生动物；《中国生物多样性红色名录》近危（NT）；《IUCN 红色名录》无危（LC）。

保护区相关记录 2020 年科考新增物种。

73 雕鸮 角鸱、雕枭、鹫鱼鸮

Bubo bubo (Linnaeus, 1758)

目 鸮形目 STRIGIFORME
科 鸱鸮科 Strigidae

英文名 Eurasian Eagle-owl

形态特征 大型鸮类，体长 65~89cm。面盘显著，淡棕黄色，杂以褐色细斑；眼先和眼前缘密被白色刚毛状羽，各羽均具黑色端斑；眼的上方有一大形黑斑。翈领黑褐色，两翈羽缘棕色，头顶黑褐色，羽缘棕白色，并杂以黑色波状细斑；耳羽特别发达，显著突出于头顶两侧，长达 55~97mm，其外侧黑色，内侧棕色。后颈和上背棕色，各羽具粗著的黑褐色羽干纹，端部两翈缀以黑褐色细斑点；肩、下背和翅上覆羽棕色至灰棕色，杂以黑色和黑褐色斑纹或横斑，并具粗阔的黑色羽干纹，羽端大都呈黑褐色块斑状。腰及尾上覆羽棕色至灰棕色，具黑褐色波状细斑；中央尾羽暗褐色，具 6 道不规整的棕色横斑；外侧尾羽棕色，具暗褐色横斑和黑褐色斑点。飞羽棕色，具宽阔的黑褐色横斑和褐色斑点。颏白色，喉除翈领外亦白色，胸棕色，具粗著的黑褐色羽干纹，两翈具黑褐色波状细斑，上腹和两胁的羽干纹变细，但两翈黑褐色波状横斑增多而显著。下腹中央几纯棕白色，覆腿羽和尾下覆羽微杂褐色细横斑；腋羽白色或棕色，具褐色横斑。虹膜金黄色，嘴和爪铅灰黑色。

栖息环境 栖息于山地森林、平原、荒野、林缘灌丛、疏林，以及裸露的高山、峭壁等各类生境中。

生活习性 通常远离人群，活动在人迹罕至的偏僻之地。除繁殖期外常单独活动。夜行性，白天多躲藏在密林中栖息，缩颈闭目栖息于树上，一动不动。但它的听觉甚为敏锐，

稍有声响，立即伸颈睁眼，转动身体，观察四周动静，如发现人立即飞走。飞行慢而无声，通常贴地低空飞行。夜间常发出“狠、呼，狠、呼”叫声互相联络，感到不安时会发出响亮的“嗒、嗒”声威胁对方。以各种鼠类为主要食物，被誉为“捕鼠专家”，也吃兔类、刺猬、狐狸、豪猪、野猫、鼬、昆虫、蛙、雉鸡以及其他鸟类。不能消化的鼠毛和动物骨头会被雕鸮吐出，丢弃在休息处周围，称为食团。

地理分布 保护区记录于双坑口。浙江省内见于嘉兴、杭州、绍兴、宁波、舟山、衢州、温州、丽水。国内分布于浙江、山东、河南、陕西、甘肃、云南、四川、重庆、贵州、湖北、湖南、安徽、江西、江苏、上海、福建、广东、香港、澳门、广西。

繁殖 繁殖期4—7月。雌、雄鸟成对栖息，拂晓或黄昏时相互追逐戏耍，并不时发出相互召唤的鸣声，3~5天后进行交配，交配后约1周雌鸟即开始筑巢。通常营巢于树洞、悬崖峭壁下的凹处或直接产卵于地上，由雌鸟用爪刨一小坑即成。巢内无任何内垫物，产卵后则垫以稀疏的绒羽，巢的大小视营巢环境而不同。每窝产卵2~5枚，以3枚较常见。卵呈椭圆形，白色，大小为（55~58mm）×（44~47mm），重50~60g。孵卵由雌鸟承担，孵化期35天。

居留型 留鸟（R）。

保护与濒危等级 国家二级重点保护野生动物；《中国生物多样性红色名录》近危（NT）；《IUCN红色名录》无危（LC）。

保护区相关记录 首次记录为第一次综合科考（1984）。翁少平（2014）、张雁云（2017）也有记录。

74 褐林鸮 木鸮、森鸮

Strix leptogrammica Temminck, 1832

目 鸮形目 STRIGIFORME
科 鸱鸮科 Strigidae

英文名 Brown Wood Owl

形态特征 大型鸮类，体长46~51cm。头部为圆形，没有耳羽簇；面盘显著，呈棕褐色或棕白色。眼圈为黑色，有白色或棕白色的眉纹；头顶为纯褐色，没有点斑或横斑。通体栗褐色，在肩部、翅膀和尾上覆羽有白色的横斑。喉部白色，其余下体皮黄色，具细密的褐色横斑。虹膜深褐色；嘴角褐色，尖端角黄色；趾裸露部分及趾底橙黄色，爪尖黄色，尖端较暗。

栖息环境 栖息于茂密的山地森林中，尤其是常绿阔叶林和混交林，也出现于林缘和路边疏林、竹林。

生活习性 常成对或单独活动。夜行性，白天多躲藏在茂密的森林中，一动不动地、直立地栖息在靠近树干且有茂密枝叶的粗枝上，黄昏和晚上才出来活动和猎食，有时在阴暗的白天和树林深处亦出来活动。性机警而胆怯，稍有声响即迅速飞离。白天遭扰时体羽缩紧，如一段朽木，眼半睁以观动静。黄昏出来捕食前配偶相互以叫声相约，会发出各种各样的类似号啕大哭声、震颤声、尖叫声和窃笑声。捕食方式主要是等候在树枝头，当猎物出现时，突然扑向猎物。主要以啮齿类为食，也吃小鸟、蛙、小型兽类和昆虫，偶尔在水中捕食鱼类。

地理分布 保护区记录于双坑口、黄桥一带。浙江省内见于湖州、杭州、绍兴、金华、衢州、温州、丽水。国内分布于浙江、陕西、云南、四川、重庆、贵州、湖北、湖南、安徽、江西、江苏、上海、福建、广东、香港、广西。

繁殖 繁殖期3—5月。主要营巢于树洞中，有时也在岩壁洞穴中营巢。通常每窝产卵2枚，偶尔1枚。卵的大小为（49~58mm）×（41~49mm）。孵化期、离巢期和照顾雏鸟等信息不详。亲鸟在孵卵和育雏期间护巢性极强，而且极其凶猛，常常猛烈地袭击入侵者。

居留型 留鸟（R）。

保护与濒危等级 国家二级重点保护野生动物；《中国生物多样性红色名录》近危（NT）；《IUCN红色名录》无危（LC）。

保护区相关记录 首次记录为第一次综合科考（1984）。翁少平（2014）、张雁云（2017）也有记录。

75 领鸺鹠 小鸺鹠

Glaucidium brodiei (Burton, 1836)

目 鸮形目 STRIGIFORME
科 鸱鸮科 Strigidae

英文名 Collared Owlet

形态特征 小型鸮类，体长 14~16cm。上体灰褐色，遍被狭长的浅橙黄色横斑。头部较灰；眼先及眉纹白色，眼先羽干末端呈黑色须状羽，无耳羽簇；面盘不显著。前额、头顶和头侧有细密的白色斑点，后颈有显著的棕黄色或皮黄色领圈，其两侧各有一黑色斑纹。肩羽外翈有大的白色斑点，形成 2 道显著的白色肩斑，其余上体包括两翅覆羽和内侧次级飞羽暗褐色且具棕色横斑。飞羽黑褐色，除第 1 枚初级飞羽外，外翈均具棕红色斑点，内翈基部具白色斑，越往内白色斑越大，到最内侧飞羽则呈横斑状。尾上覆羽褐色，有白色横斑及斑点，尾暗褐色且具 6 道浅黄白色横斑和羽端斑。颊白色，向后延伸至耳羽后方。颏、喉白色，喉部具 1 道细的栗褐色横带。其余下体白色，体侧有大形褐色末端斑，形成褐色纵纹。尾下覆羽白色，先端杂有褐色斑点。覆腿羽褐色，具少量白色细横斑。跗跖被羽。虹膜鲜黄色，嘴和趾黄绿色，爪角褐色。

栖息环境 栖息于山地森林和林缘灌丛地带。

生活习性 除繁殖期外常单独活动。昼行性，主要在白天活动，不畏阳光，中午也能在阳光下自由地飞翔和觅食。飞行时常急剧地拍打翅膀鼓翼飞翔，然后再滑翔一段，交替进行。黄昏时活动也比较频繁，晚上还喜欢鸣叫，几乎整夜不停，鸣声较为单调，大多为 4 音节的哨声，反复鸣叫，其声似“poop-poop-poop-poop”。休息时多栖息于高大的乔木上，并常常左右摆动着尾羽。主要以昆虫和鼠类为食，也吃小鸟和其他小型动物。

地理分布 保护区记录于乌岩尖、上芳香、垟岭坑等地。浙江省内见于湖州、杭州、绍兴、台州、衢州、温州、丽水。国内分布于浙江、河南南部、陕西南部、甘肃南部、西藏东南部、云南、四川、重庆、贵州、湖北、湖南、安徽、江西、江苏、上海、福建、广东、澳门、广西、海南。

繁殖 繁殖期 3—7 月，但多数在 4—5 月产卵。通常营巢于树洞和天然洞穴中，也利用啄木鸟的巢。每窝产卵 2~6 枚，多为 4 枚。卵呈卵圆形，白色，大小为（28~32mm）×（23~25mm）。

居留型 留鸟（R）。

保护与濒危等级 国家二级重点保护野生动物;《中国生物多样性红色名录》无危（LC）;《IUCN 红色名录》无危（LC）。

保护区相关记录 首次记录为第一次综合科考（1984）。翁少平（2014）、张雁云（2017）也有记录。

76 斑头鸺鹠 横纹小鸺、猫王鸟

Glaucidium cuculoides (Vigors, 1830)

目 鸮形目 STRIGIFORME
科 鸱鸮科 Strigidae

英文名 Asian Barred Owlet

形态特征 小型鸮类，体长 14~16cm。头、颈和整个上体包括两翅表面暗褐色，密被细狭的棕白色横斑，尤以头顶横斑特别细小而密。眉纹白色，较短狭。部分肩羽和大覆羽外翈有大的白斑。飞羽黑褐色，外翈缀以棕色或棕白色三角形羽缘斑，内翈有同色横斑；三级飞羽内、外翈均具横斑。尾羽黑褐色，具 6 道显著的白色横斑和羽端斑。颏、腭纹白色，喉中部褐色，具皮黄色横斑，下喉和上胸白色，下胸白色，具褐色横斑；腹白色，具褐色纵纹。尾下覆羽纯白色，跗跖被羽，白色而杂以褐斑，腋羽纯白色。幼鸟上体横斑较少，有时几乎纯褐色，仅具少许淡色斑点。虹膜黄色；嘴黄绿色，基部较暗，蜡膜暗褐色；趾黄绿色，具刚毛状羽，爪近黑色。

栖息环境 栖息于阔叶林、混交林、次生林和林缘灌丛，也出现于村寨、农田附近的疏林和树上。

生活习性 大多单独或成对活动。昼行性，大多在白天活动和觅食，能像鹰一样在空中捕捉小鸟和大型昆虫，少见在晚上活动。鸣声嘹亮，不同于其他鸮类，晨昏时发出快速的颤音，调降而音量增，或发出一种似犬叫的双哨音，音量增高且速度加快，反复重复至全音响，在宁静的夜晚，可传到数里外。主要以蝗虫、甲虫、螳螂、蝉、蟋蟀、蚂蚁、蜻蜓、毛虫等各种昆虫为食，也吃鼠类、小鸟、蚯蚓、蛙和蜥蜴等动物。

地理分布 保护区记录于榅垟、竖半天、黄桥等地。浙江省内见于湖州、嘉兴、杭州、绍兴、宁波、台州、金华、衢州、温州、丽水。国内分布于浙江、北京、河北、山东、河南、陕西、云南、四川、重庆、贵州、湖北、湖南、安徽、江西、江苏、上海、福建、广东、香港、澳门、广西。

繁殖 繁殖期 3—6 月。通常营巢于树洞或天然洞穴中。每窝产卵 3~5 枚，多数为 4 枚。卵为白色，大小为（33~39mm）×（29~32mm）。孵卵由雌鸟承担，孵化期为 28~29 天。

居留型 留鸟（R）。

保护与濒危等级 国家二级重点保护野生动物；《中国生物多样性红色名录》无危（LC）；《IUCN 红色名录》无危（LC）。

保护区相关记录 首次记录为第一次综合科考（1984）。翁少平（2014）、张雁云（2017）也有记录。

77 日本鹰鸮 北鹰鸮

Ninox japonica (Temminck & Schlegel, 1845)

目 鸮形目 STRIGIFORME
科 鸱鸮科 Strigidae

英文名 Northern Boobook

形态特征 小型鸮类，体长 22~32cm。外形似鹰，没有显著的面盘、翎领和耳羽簇。上体为暗棕褐色，前额为白色，肩部有白色斑，喉部和前颈为皮黄色且具有褐色的条纹。其余下体为白色，有水滴状的红褐色斑点，尾羽上具有黑色横斑和端斑。虹膜黄色；嘴黑色，嘴端黑褐色；跗跖被羽，趾裸出，为肉红色，具稀疏的浅黄色刚毛，爪黑色。

栖息环境 栖息于海拔 2000m 以下的针阔叶混交林和阔叶林中，尤其喜欢森林中的河谷地带，也出现于低山丘陵和山脚平原地带的树林、林缘灌丛、果园和农田的高大树上。

生活习性 白天大多在树冠层栖息，黄昏和晚上活动，有时白天也活动。除繁殖期成对活动外，其他季节大多单独活动，且幼鸟离巢后至迁徙期间则大多呈家族群活动。飞行迅速而敏捷，而且没有声响，在向入侵者攻击时飞行速度更快、有力。常从栖息处突然飞出。繁殖期常在黄昏和晚上鸣叫，鸣声多变，有时发出“蹦蹦 - 蹦蹦 - 蹦蹦”短促而低沉的鸣叫声，有时发出类似红角鸮的鸣声，常常反复鸣叫不息。主要以鼠类、小鸟和昆虫等为食。有时会因追捕猎物闯入住宅中。

地理分布 保护区记录于三插溪、黄桥等地。浙江省各地广布。国内分布于浙江、黑龙江南部、吉林、辽宁、北京、天津、河北、山东、河南、内蒙古中部、湖北、江苏、上海、福建。

繁殖 繁殖期为 5—7 月。通常营巢于树木上的天然洞穴中，也利用鸳鸯和啄木鸟等利用过的树洞。营巢的树洞均较宽阔，其阔度和深浅变化均比较大。巢洞口直径 9~30cm，洞深 18~64cm，洞内直径 10~43cm。巢内没有铺垫，或仅有树洞中腐朽的木屑。如果是鸳鸯的旧巢，其中则有少量遗留的绒羽。每年繁殖 1 窝，每窝产卵 3 枚。卵近球形，乳白色，光滑无斑，大小为（39~41mm）×（33~35mm），重 20~24g。孵卵完全由雌鸟承担，雄鸟则在巢的附近警戒，孵化期 25~26 天。护巢时极为凶猛，特别是在孵化后期和育雏期间，遇到危险时，雄鸟和雌鸟会轮番向入侵者发动猛烈的攻击，直到将入侵者赶出领域。雏鸟晚成性，育雏 30 天时陆续离巢。

居留型 冬候鸟（W）。

保护与濒危等级 国家二级重点保护野生动物；《中国生物多样性红色名录》数据缺乏（DD）；《IUCN 红色名录》无危（LC）。

保护区相关记录 首次记录为翁少平（2014）。张雁云（2017）也有记录。

78 短耳鸮 夜猫子、短耳猫头鹰

Asio flammeus (Pontoppidan, 1763)

目 鸮形目 STRIGIFORME
科 鸱鸮科 Strigidae

英文名 Short-eared Owl

形态特征 中型鸮类，体长35~40cm。耳短小而不外露，黑褐色，具棕色羽缘。面盘显著，眼周黑色，眼先及内侧眉斑白色，面盘余部棕黄色而杂以黑色羽干纹。翢领白色，羽端微具细的黑褐色斑点。上体包括翅和尾表面大都棕黄色，满缀宽阔的黑褐色羽干纹；肩及三级飞羽纵纹较粗，纹的两侧更生出支纹，形成横斑，外翈还缀有白斑；翅上小覆羽黑褐色，并缀以棕红色斑点；中覆羽及大覆羽亦黑褐色，外翈有大形白色眼状斑；初级覆羽几纯黑褐色，有时缀以棕斑；外侧初级飞羽棕色，羽端微具褐色斑点，并杂有黑褐色横斑；最外侧3枚初级飞羽先端全为黑褐色，次级飞羽外翈呈黑褐色与棕黄色横斑相杂状，内翈几纯白色，仅在近羽端处具黑褐色细斑；腰和尾上覆羽几纯棕黄色，无羽干纹；尾羽棕黄色且具黑褐色横斑和棕白色端斑。下体棕白色；颏白色；胸部较多棕色，并满布以黑褐色纵纹，下腹中央和尾下覆羽及覆腿羽无杂斑。虹膜金黄色；嘴和爪黑色；跗跖和趾被羽，棕黄色。

栖息环境 栖息于低山、丘陵、苔原、荒漠、平原、沼泽、湖岸和草地等各类生境中，尤以开阔平原草地、沼泽和湖岸地带较多见。

生活习性 多在黄昏和晚上活动、猎食，但也常在白天活动，平时多栖息于地上或潜伏于草丛中，很少栖息于树上。飞行时不慌不忙，不高飞，多贴地面飞行。常在一阵鼓翼飞翔后又伴随着一阵滑翔，两者常常交替进行。繁殖期常一边飞翔一边鸣叫，其声似“不－不－不－”，重复多次。主要以鼠类为食，也吃小鸟、蜥蜴和昆虫，偶尔吃植物果实和种子。

地理分布 早期科考资料有记载，但本次调查未见。浙江省内见于杭州、绍兴、宁波、台州、衢州、温州、丽水。国内见于各省份。

繁殖 繁殖期4—6月。通常营巢于沼泽附近地上草丛中，也见在次生阔叶林的朽木洞中营巢。巢通常由枯草构成。每窝产卵3~8枚，偶尔多至10枚，甚至14枚，一般为4~6枚。卵呈卵圆形，白色，大小为（38~42mm）×（31~33mm）。雌鸟孵卵，孵化期24~28天。雏鸟晚成性，孵出后经亲鸟喂养24~27天即可飞翔、离巢。

居留型 冬候鸟（W）。

保护与濒危等级 国家二级重点保护野生动物；《中国生物多样性红色名录》近危（NT）；《IUCN红色名录》无危（LC）。

保护区相关记录 首次记录为翁少平（2014）。张雁云（2017）也有记录。

79 草鸮 猴面鹰、猴子鹰、白胸草鸮

Tyto longimembris (Jerdon, 1839)

目 鸮形目 STRIGIFORME
科 草鸮科 Tyonidea

英文名 Eastern Grass Owl

形态特征 中型鸮类，体长 35~44cm，翼展 116cm。上体暗褐色，具棕黄色斑纹，近羽端处有白色小斑点。似仓鸮，面盘灰棕色，呈心形，有暗栗色边缘。飞羽黄褐色，有暗褐色横斑；尾羽浅黄栗色，有 4 道暗褐色横斑；下体淡棕白色，具褐色斑点。虹膜褐色；嘴米黄色；脚略白色，爪黑褐色。

栖息环境 栖息于低山丘陵、山坡草地、山麓草灌丛中，经常活动于沼泽地，特别是芦苇荡边的蔗田，隐藏在地面上的高草中。

生活习性 夜行性，白天躲在树林里养精蓄锐，夜间却非常活跃。草鸮的身体结构和功能都适应于黑夜捕捉老鼠：其眼睛内的视锥细胞密度高，瞳孔大，感光能力强，能看清黑夜里活动的老鼠；具有 1 对听力极强的大耳朵，老鼠在地面活动时发出的微弱响声，都能听得一清二楚；头部可以自由地旋转 270°，也就扩大了视觉器官和听觉器官的"扫描探测"范围；全身羽毛尤其是翅膀上的羽毛特别柔软蓬松，飞行的时候无声无息；它有钩子般的趾爪和利喙。除老鼠以外，还捕食蛙、蛇、鸟卵等。

地理分布 早期科考资料有记载，但本次调查未见。浙江省内见于湖州、嘉兴、杭州、绍兴、宁波、台州、金华、衢州、温州、丽水。国内分布于浙江、河北南部、山东、河南、云南、四川、重庆、贵州、湖北、湖南、安徽、江西、上海、福建、广东、香港、澳门、广西、海南。

繁殖 繁殖期 4—6 月和 8—11 月，1 年繁殖 2 次。营巢于茂密的草丛中和大树根部凹陷处，亦在有隐蔽的岸边或岸边洞中营巢。每窝产卵 3~8 枚。卵椭圆形，乳白色，大小约 32mm × 39mm，重 23g。雌鸟单独孵卵，孵化期 22~25 天。雏鸟晚成性，2 个月后离巢自营生活，母鸟继续喂养，幼鸟徘徊在高高的草丛上方，到了晚上，它们回到巢中领取食物。

居留型 留鸟（R）。

保护与濒危等级 国家二级重点保护野生动物；《中国生物多样性红色名录》数据缺乏（DD）；《IUCN 红色名录》无危（LC）。

保护区相关记录 首次记录为第一次综合科考（1984）。翁少平（2014）、张雁云（2017）也有记录。

80 红头咬鹃 红姑鸽

Harpactes erythrocephalus (Gould, 1834)

目 咬鹃目 TROGONIFORMES

科 咬鹃科 Trogonidae

英文名 Red-headed Trogon

形态特征 中型鸟类，体长 35~39cm。雄鸟头上部及两侧暗赤红色，部分标本头上因少红色而显出以棕褐色为主。背及两肩棕褐色，腰及尾上覆羽棕栗色。尾羽中央 1 对栗色，具黑色羽端；相邻 1 对羽基部及羽干旁边栗色，余部黑色；再向外 1 对全黑色；最外侧 3 对黑色且具宽大的白端斑，其中最外侧的 1 对外缘全白。翼上小覆羽与背同色；初级覆羽灰黑色；翅余部黑色，其余覆羽、三级飞羽及内侧次级飞羽密布白色虫蠹状细横纹，最外侧 7 片飞羽有白色的羽干和羽缘。颏淡黑色；喉至胸由亮赤红色至暗赤红色，后者有一狭形或有中断的白色半环纹，下胸两侧在部分标本中见棕褐色块斑，以下为赤红色至洋红色。雌鸟头、颈和胸为橄榄褐色；腹部为比雄鸟略淡的红色；翼上的白色虫蠹状纹转为淡棕色。虹膜淡黄色；嘴黑色；脚淡褐色。

栖息环境 主要栖息于海拔 1500m 以下的常绿阔叶林和次生林中。

生活习性 多单独或成对活动。性胆怯而孤僻，常一动不动地垂直站在树冠层低枝上或藤条上。飞行时多在林间成上下起伏的波浪式飞行。主要以昆虫为食，也吃植物果实。常通过飞行在空中捕食，也可在地上捕食。

地理分布 保护区记录于上芳香、新桥、杨梅坪等地。浙江省内见于温州、丽水。国内分布于浙江、四川南部、湖北、江西、福建中部和西北部、广东北部、广西北部、云南、西藏、海南。

繁殖 繁殖期 4—7 月。通常营巢于密林深处天然树洞或啄木鸟废弃的巢洞中，有时自己也在枯朽的树上掘洞营巢，洞内无垫物，卵直接产于洞中。每窝产卵 3~4 枚。卵为钝卵圆形或卵圆形，淡皮黄色或咖啡色，非常光润，大小为（26~33mm）×（22~26mm）。雌、雄亲鸟参与孵卵和育雏。雏鸟晚成性。

居留型 留鸟（R）。

保护与濒危等级 国家二级重点保护野生动物；《中国生物多样性红色名录》近危（NT）；《IUCN 红色名录》无危（LC）。

保护区相关记录 2020 年科考新增物种。

81 蓝喉蜂虎 红头吃蜂鸟

Merops viridis Linnaeus, 1758

目 佛法僧目 CORACIIFORMES
科 蜂虎科 Meropidae

英文名 Blue-throated Bee-eater

形态特征 中型鸟类，体长 26~28cm。前额、头顶、枕、后颈和上背深栗色；下背蓝绿色；腰天蓝色；尾蓝色，中央尾羽延长，突出约 65mm；肩和翅绿色，内侧飞羽蓝色；贯眼纹黑色，到眼后变宽。颏、喉和颈侧蓝色，胸绿色，腹淡绿色，尾下覆羽淡蓝色。幼鸟似成鸟，但头顶、枕和上背为暗绿色，中央尾羽不延长。虹膜红色，嘴、脚黑色。

栖息环境 栖息于林缘疏林、灌丛、草坡等开阔地方，也出现于农田、海岸、河谷和果园等地，尤喜近海低洼处的开阔原野及林地。

生活习性 常单独或成小群活动。多在空中飞翔觅食，休息时多停在树上或电线上。迁徙时间春季在 4—5 月，秋季在 9—10 月。主要以各种蜂类为食，也吃其他昆虫。喜站于

栖木上等待过往昆虫，偶从水面或地面捕食昆虫。飞行时发出“kerik-kerik-kerik”的快速颤音。

地理分布 早期科考资料有记载，但本次调查未见。浙江省内见于杭州、衢州、温州、丽水。国内分布于浙江、河南南部、云南东南部、湖北、湖南、江西、福建、广东、香港、广西、海南。

繁殖 繁殖期5—7月。繁殖期群鸟聚于多沙地带，营巢于地洞中。每窝产卵4枚。卵的大小为（21.5~24.6mm）×（19.0~20.5mm）。

居留型 夏候鸟（S）。

保护与濒危等级 国家二级重点保护野生动物；《中国生物多样性红色名录》无危（LC）；《IUCN红色名录》无危（LC）。

保护区相关记录 首次记录为翁少平（2014）。张雁云（2017）也有记录。

82 三宝鸟 老鸹翠、宽嘴佛法僧、阔嘴鸟

Eurystomus orientalis (Linnaeus, 1766)

目 佛法僧目 CORACIIFORMES
科 佛法僧科 Coraciidae

英文名 Oriental Dollarbird

形态特征 中小型鸟类，体长 26~29cm。头大而宽阔，头顶扁平。头至颈黑褐色，后颈、上背、肩、下背、腰和尾上覆羽暗铜绿色。两翅覆羽与背相似，但较背鲜亮而多蓝色。初级飞羽黑褐色，基部具一宽的天蓝色横斑；次级飞羽黑褐色，外翈具深蓝色光泽；三级飞羽基部蓝绿色。尾黑色，缀有蓝色，基部与背相同，有时微沾暗蓝紫色。颏黑色，喉和胸黑色沾蓝色，具钴蓝色羽干纹，其余下体蓝绿色。腋羽和翅下覆羽淡蓝绿色。雌鸟羽色较雄鸟暗淡，不如雄鸟鲜亮。幼鸟似成鸟，但羽色较暗淡，背面近绿褐色，喉无蓝色。虹膜暗褐色；嘴朱红色，上嘴先端黑色；脚、趾朱红色，爪黑色。

栖息环境 主要栖息于针阔叶混交林和阔叶林林缘、路边、河谷两岸高大的乔木上。

生活习性 常单独或成对出现于山地或平原林中，也喜欢在林区边缘空旷处或林区里的开垦地上活动，早、晚活动频繁。天气较热时，常栖息在密林中的乔木上，或在较开阔处的大树梢处。常栖息于开阔地的枯树上纹丝不动，有人走近时，则立刻飞去，偶尔起飞追捕过往昆虫，或向下俯冲捕捉地面昆虫。飞行姿势似夜鹰，怪异、笨重，有时飞行缓慢，长长的双翼均匀而有节奏地上下摆动，有时又急驱直上或急转直下，胡乱盘旋或拍打双翅，并不断发出单调而粗厉的“嘎嘎”声。两三只鸟有时于黄昏一道翻飞或俯冲，求偶期尤是。有时遭成群小鸟的围攻，因其头和嘴似猛禽。主要吃金龟甲等甲虫，也吃蝗虫、石蛾等。觅食时常在空中来回旋转，不停地飞翔捕食，很少到地上觅食。

地理分布 保护区内见于碑排、黄泥坳、金竹坑、坑头、榅垟等地。浙江省各地广布。除新疆、西藏、青海外，分布于国内各省份。

繁殖 繁殖期 5—8 月。营巢于针阔叶混交林林缘高大的乔木树上的天然洞穴中，也利用啄木鸟废弃的洞穴。巢中常垫木屑和苔藓，有的还垫干树枝和干树叶。每年繁殖 1 窝，每窝产卵 3~4 枚。卵圆形，白色，光滑无斑，大小为（32~37mm）×（26~30mm），重 12~17g。雌、雄亲鸟轮流孵卵。雏鸟晚成性。

居留型 夏候鸟（S）。

保护与濒危等级 浙江省重点保护野生动物；《中国生物多样性红色名录》无危（LC）；《IUCN 红色名录》无危（LC）。

保护区相关记录 首次记录为第一次综合科考（1984）。翁少平（2014）、张雁云（2017）也有记录。

83 普通翠鸟 鱼虎、大翠鸟

Alcedo atthis (Linnaeus, 1758)

目 佛法僧目 CORACIIFORMES
科 翠鸟科 Alcedinidae

英文名 Common Kingfisher

形态特征 小型鸟类，体长 15~18cm。雄鸟前额、头顶、枕和后颈黑绿色，密被翠蓝色细窄横斑。眼先和贯眼纹黑褐色。前额侧部、颊、眼后和耳覆羽栗棕红色，耳后有一白色斑。颧纹翠蓝绿黑色，背至尾上覆羽辉翠蓝色。尾短小，表面暗蓝绿色，下面黑褐色。肩蓝绿色，飞羽除第 1 枚初级飞羽全为黑褐色外，其余飞羽黑褐色且外翈边缘呈暗蓝色。翅上覆羽亦为暗蓝色，并具翠蓝色斑纹，两翅折合时表面为蓝绿色。颏、喉白色，胸灰棕色，腹至尾下覆羽红棕色或棕栗色，腹中央有时较浅淡。雌鸟上体羽色较雄鸟稍淡，多蓝色，少绿色。头顶不为绿褐色，而呈灰蓝色。胸、腹棕红色，但较雄鸟淡，且胸无灰色。幼鸟羽色较苍淡，上体较少蓝色光泽，下体羽色较淡，沾较多褐色，腹中央污白色。虹膜土褐色；嘴黑色；脚和趾朱红色，爪黑色。

栖息环境 主要栖息于林区溪流、平原河谷、水库、水塘，甚至水田岸边。

生活习性 常单独活动，一般多停息在河边树桩和岩石上，有时也在临近河边小树的低枝上停息。经常长时间一动不动地注视着水面，一见水中鱼虾，立即极为迅速而凶猛地扎入水中用嘴捕取。有时亦鼓动两翼悬浮于空中，低头注视着水面，见有食物即刻直扎入水中。通常将猎物带回栖息地，在树枝上或石头上摔打，待鱼死后，再整条吞食。有时也沿水面低空直线飞行，飞行速度甚快，常边飞边叫。主要以小型鱼类、虾等水生动物为食。

地理分布 保护区记录于三插溪、黄桥、洋溪等地。浙江省各地广布。除新疆外，分布于国内各省份。

繁殖 繁殖期 5—8 月。通常营巢于水域岸边或附近陡直的土岩、砂岩壁上，掘洞为巢。洞圆形，呈隧道状，洞口直径 5~8cm，洞深 50~70cm，洞末端扩大成直径 10~15cm、高 10cm 的巢穴，巢穴内无任何内垫物，仅有些松软的沙土。1 年繁殖 1 窝，每窝产卵 5~7 枚。卵近圆形或椭圆形，白色，光滑无斑，大小为（20~21mm）×（17~19mm），重 3.2~4.0g。雌、雄亲鸟轮流孵卵，孵化期 19~21 天。雏鸟晚成性，孵出后由亲鸟抚育 23~30 天即可离巢飞翔。

居留型 留鸟（R）。

保护与濒危等级 《中国生物多样性红色名录》无危（LC）；《IUCN 红色名录》无危（LC）。

保护区相关记录 首次记录为第一次综合科考（1984）。翁少平（2014）、张雁云（2017）也有记录。

84 白胸翡翠 白喉翡翠

Halcyon smyrnensis (Linnaeus, 1758)

目 佛法僧目 CORACIIFORMES
科 翠鸟科 Alcedinidae

英文名 White-throated Kingfisher

形态特征 中型鸟类，体长26~30cm。嘴粗长似凿，基部较宽，嘴峰直，峰脊圆，两侧无鼻沟；翼圆，第1片初级飞羽与第7片初级飞羽等长或稍短，第2、3、4片几近等长，尾圆形。成鸟的颏、喉、胸部中央纯白；头的余部、后颈、颈侧以及下体余部均深赤栗色，两胁稍淡；上背、肩及三级飞羽蓝绿色；下背、腰及尾上覆羽均辉翠绿色。两翅的小覆羽栗棕色；中覆羽黑色；大覆羽、初级复羽和次级飞羽的露出部均为深浅不同的蓝绿色；翅缘白色；次级飞羽的内翈与先端均缘以黑褐色；初级飞羽黑褐色，其外翈基处（除第1枚外）均具一淡绿蓝色斑，缘斑由外向内渐次增长，且近羽基者特淡，初级飞羽的内翈具有白斑，形亦向翅的内侧渐次增大，于翅的下面形成一显著的翅斑。尾呈暗蓝色，并具黑褐色羽干；除中央1对外，其余尾羽均内缘以暗褐色。腋羽和翼下覆羽淡栗棕色。虹膜暗褐色；嘴呈珊瑚红以至赤红色；脚和趾均珊瑚红色。幼鸟羽色似成鸟，但较苍淡，黑色的覆羽有绿色的渲染，胸部白羽狭缘以黑色，下体余部淡栗色。

栖息环境 栖息于山地森林和山脚平原河流、湖泊岸边，也出现于池塘、水库、沼泽和稻田等岸边，有时亦远离水域活动。

生活习性 常单独活动，多站在水边树木枯枝上或石头上，有时亦站在电线上，常长时间地望着水面，以待猎食。飞行时成直线，速度较快，常边飞边叫，叫声尖锐而响亮。繁殖时，常在营巢处往返疾飞，狂叫不休，也常栖息于高树无叶的裸枝上喋喋高声鸣叫。主要以鱼、蟹、软体动物和水生昆虫为食，也吃多种陆栖昆虫和蛙、蛇、鼠类等小型脊椎动物。

地理分布 早期科考资料有记载，但本次调查未见。浙江省内见于杭州、绍兴、宁波、台州、金华、衢州、温州、丽水。国内分布于浙江、河南、云南、四川西南部、贵州、湖北、江西、江苏、上海、福建、广东、香港、澳门、广西、海南、台湾。

繁殖 繁殖期3—6月。营巢于河岸、沟谷、田坎土岩洞中，掘洞为巢。巢呈隧道状，末端扩大为巢室，巢室直径15~20cm，深0.5~1.2m。每窝产卵4~8枚，多为5~7枚。卵为圆形或卵圆形，白色，大小为（24.3~30.6mm）×（22.8~27.0mm）。雌、雄亲鸟轮流孵化和喂养雏鸟。

居留型 留鸟（R）。

保护与濒危等级 国家二级重点保护野生动物；《中国生物多样性红色名录》无危（LC）；《IUCN红色名录》无危（LC）。

保护区相关记录 首次记录为翁少平（2014）。张雁云（2017）也有记录。

85 蓝翡翠 蓝鱼狗

Halcyon pileata (Boddaert, 1783)

目 佛法僧目 CORACIIFORMES
科 翠鸟科 Alcedinidae

英文名 Black-capped Kingfisher

形态特征 中型鸟类，体长 26~31cm。额、头顶、头侧和枕部黑色；后颈白色，向两侧延伸，与喉、胸部白色相连，形成一宽阔的白色领环。眼下有一白色斑。背、腰和尾上覆羽钴蓝色，尾亦为钴蓝色，羽轴黑色。翅上覆羽黑色，形成一大块黑斑。初级飞羽黑褐色，具蓝色羽缘，外侧基部白色，内侧基部有一大块白斑，其对应处的外侧具一淡紫蓝色斑。次级飞羽内侧黑褐色，外侧钴蓝色。颏、喉、颈侧、颊和上胸白色，胸以下包括腋羽和翼下覆羽橙棕色。幼鸟后颈白领沾棕色，喉和胸部羽毛具淡褐色端缘，腹侧有时亦具黑色羽缘。虹膜暗褐色；嘴珊瑚红色；脚和趾红色，爪褐色。

栖息环境 主要栖息于林中溪流以及山脚与平原地带的河流、水塘、沼泽地带。

生活习性 常单独活动，一般多停息在河边树桩和岩石上，有时也在临近河边小树的低枝上停息。经常长时间一动不动地注视着水面，一见水中鱼虾，立即极为迅速而凶猛地扎入水中用嘴捕取。有时亦鼓动两翼悬浮于空中，低头注视着水面，见有食物即刻直扎入水中，很快捕获而去。通常将猎物带回栖息地，在树枝上或石头上摔打，待鱼死后，再整条吞食。有时也沿水面低空直线飞行，飞行速度甚快，常边飞边叫。主要以小鱼、虾、蟹和水生昆虫等水栖动物为食，也吃蛙和鞘翅目、鳞翅目昆虫。

地理分布 早期科考资料有记载，但本次调查未见。浙江省内见于杭州、绍兴、宁波、台州、金华、衢州、温州、丽水。除新疆、西藏、青海外，分布于国内各省份。

繁殖 繁殖期 5—7 月。营巢于土崖壁上或河流的堤坝上，用嘴挖掘隧道式的洞穴作巢，可以达到 60cm 的深度，末端扩大为巢室，巢室大小直径为 10~15cm，巢内一般不加铺垫物，卵直接产在巢穴地上。一旦巢室完成后，雌鸟即产卵。每窝产卵 4~6 枚。卵白色，大小为（26~29mm）×（21~24mm）。雌、雄亲鸟轮流孵化，孵化期 19~21 天。雏鸟晚成性，出生时肉眼看不见，孵出后由亲鸟抚育 23~30 天即可离巢飞翔。

居留型 夏候鸟（S）。

保护与濒危等级 《中国生物多样性红色名录》无危（LC）；《IUCN 红色名录》无危（LC）。

保护区相关记录 首次记录为第一次综合科考（1984）。翁少平（2014）、张雁云（2017）也有记录。

86 冠鱼狗 花斑钓鱼郎、冠翠鸟

Megaceryle lugubris (Temminck, 1834)

目 佛法僧目 CORACIIFORMES
科 翠鸟科 Alcedinidae

英文名 Crested Kingfisher

形态特征 中型鸟类，体长 37~43cm。体羽主要为黑白色杂斑状。头具长而竖直的冠羽，头顶、头侧和冠羽均为黑色且密缀白色斑点，在耳区呈白色条纹状，亦有部分冠羽白色且具黑色斑点。后颈有一宽的白色领环沿颈侧斜向前延伸至下嘴基部。其余上体灰黑色，密杂以白色横斑；两翅和尾黑色，亦具白色横斑。颏、喉白色，由嘴角经颏、喉两侧有 1 条宽的黑纹延伸至胸侧，与前胸的黑色且杂有棕斑的黑色胸带相连。其余下体白色，腹侧和两胁具黑色横斑；最长的尾下覆羽亦具黑色横斑，但较稀疏。腋羽和翅下覆羽雄鸟白色，雌鸟棕色，微具黑斑。虹膜暗褐色；嘴角黑色，口裂，嘴尖黄白色；跗跖和趾橄榄铅色。

栖息环境 栖息于林中溪流、山脚平原、灌丛、疏林、水清澈而缓流的小河、溪涧、湖泊以及灌溉渠等水域。常在江河、小溪、池塘以及沼泽地上空飞翔俯视觅食。

生活习性 多沿溪流中央飞行，边飞边叫，一旦发现食物迅速俯冲，动作利落。平时常独栖在近水边的树枝、电线杆或岩石上，伺机猎食。它把捕获物放到栖木上，并不断摆弄，甚至把鱼抛起来，以便从头把鱼吞下去。食物以小鱼为主，兼吃甲壳动物和多种水生昆虫，也啄食小型蛙类和少量水生植物。冠鱼狗扎入水中后，还能保持极佳的视力，因为它的眼睛能迅速调整视角反差，所以捕鱼本领很强。

地理分布 保护区记录于三插溪、黄桥。浙江省内见于嘉兴、杭州、绍兴、宁波、金华、衢州、温州、丽水。国内分布于浙江、吉林、辽宁、北京、天津、河北、山东、河南、山西、陕西、内蒙古东部、宁夏、甘肃、云南、四川、重庆、贵州、湖北、湖南、安徽、江西、江苏、福建、广东、香港、广西、海南。

繁殖 繁殖期 2—8 月，多数在 5—6 月繁殖。巢筑在陡岸、断崖、田坎头、田野和小溪的堤坝上。用嘴挖掘，巢洞呈圆形，较小，巢穴一般不加铺垫物，卵直接产在巢穴地上。每年产 1~2 窝，每窝产卵 3~7 枚，多为 4~6 枚。卵椭圆形，纯白、辉亮、稍具斑点，大小（37~40mm）×（30~35mm）。孵化期约 21 天，雌、雄亲鸟共同孵卵，但只由雌鸟喂雏。

居留型 留鸟（R）。

保护与濒危等级 《中国生物多样性红色名录》无危（LC）;《IUCN 红色名录》无危（LC）。

保护区相关记录 首次记录为张雁云（2017）。

87 斑鱼狗 鱼狗

Ceryle rudis (Linnaeus, 1758)

目 佛法僧目 CORACIIFORMES
科 翠鸟科 Alcedinidae

英文名 Pied Kingfisher

形态特征 中型鸟类，体长 27~31cm。雄鸟前额、头顶、冠羽、头侧黑色，缀以白色细纹；眼先和眉纹白色。后颈呈黑白色杂斑状，颈两侧各具一大块白斑。背、肩及两翅覆羽黑色，具白色端斑，形成黑白斑驳状。飞羽黑褐色；初级飞羽基部白色，在翅上形成显著的白色翅斑；内侧次级飞羽除基部和端斑白色外，外缘亦缀有白色斑。腰和尾上覆羽白色，具黑色次端斑。尾白色，具宽阔的黑色次端斑。下体白色；胸具 2 条黑色胸带，其中前面 1 条较宽，后面 1 条较窄；两胁和腹侧具黑斑。雌鸟与雄鸟相似，但仅具 1 条胸带，且常常在中部断裂，仅胸两侧具大形黑斑。虹膜淡褐色，嘴黑色，脚、爪黑褐色。

栖息环境 主要栖息于低山和平原溪流、河流、湖泊、运河等开阔水域岸边，有时甚至出现在水塘和路边水渠岸上。

生活习性 常单独活动。多在距水面几米至十几米的低空飞翔觅食，时而贴近水面，时而升起，来回振翅飞翔。一见鱼群，立刻收敛双翅，一头扎入水中，然后又急剧升起。休息时多栖息于水边树上，特别是枯树和岩石上，或突出于水面的岩石和树枝上，同时注视着水面，一发现鱼类，立即冲入水中捕食。叫声为尖厉的哨声。食物以小鱼为主，兼吃甲壳动物和多种水生昆虫，也啄食蝌蚪和小型蛙类。

地理分布 保护区记录于黄桥。浙江省内见于湖州、杭州、绍兴、宁波、舟山、金华、衢州、温州、丽水。国内分布于浙江、北京、天津、河南、湖北西部、湖南、江西、江苏、上海、福建、广东、香港、澳门、广西、海南。

繁殖 繁殖期 3—7 月。在繁殖期会持续鸣叫，激烈保护自己的巢和配偶。通常营巢于河流岸边砂岩上，自己掘洞为巢，无任何内垫物。每窝产卵 3~6 枚，多为 4~5 枚。卵圆形或长卵圆形，白色，大小为（28~32mm）×（23~25mm）。雌、雄亲鸟轮流孵卵。雏鸟晚成性，孵出后眼睛看不见，但 5 天后就可以看到东西并长出羽毛。

居留型 留鸟（R）。

保护与濒危等级 《中国生物多样性红色名录》无危（LC）;《IUCN 红色名录》无危（LC）。

保护区相关记录 首次记录为翁少平（2014）。张雁云（2017）也有记录。

88 大拟啄木鸟

Psilopogon virens (Boddaert, 1783)

目 啄木鸟目 PICFORMES
科 拟啄木鸟科 Capitonidae

英文名 Great Barbet

形态特征 中型鸟类，体长30~34cm。头、颈蓝色或蓝绿色，羽基暗褐色或黑色。上背和肩暗绿褐色，或缀暗红色。下背、腰、尾上覆羽和尾羽亮草绿色。尾羽羽干黑褐色。内侧中小覆羽与背同色，内侧大覆羽草绿色，先端沾染栗棕色；飞羽黑褐色，内侧飞羽铜绿色或草绿色；内侧初级飞羽外翈端部灰色或灰白色。上胸暗褐色，下胸和腹中央绿色或蓝绿色，并缀有乳黄色，两胁黄色，具褐绿色纵纹；尾下覆羽红色，覆腿羽黄绿色。腋羽和翅下覆羽黄白色。虹膜褐色或棕褐色；嘴粗厚，象牙色或淡黄色，上嘴先端铅褐色或黑褐色；跗跖和趾铅褐色或绿褐色，爪角褐色。

栖息环境 栖息于海拔1500m以下的低、中山常绿阔叶林内，也见于针阔叶混交林。

生活习性 常单独或成对活动，在食物丰富的地方有时也成小群。常栖息于高树顶部，能站在树枝上像鹦鹉一样左右移动。叫声单调而洪亮，为不断重复的“go-o，go-o”声。食物主要为马桑、五加科植物等的花、果实、种子，也吃各种昆虫，特别是在繁殖期。

地理分布 保护区记录于双坑口、石鼓背、黄桥等地。浙江省内见于嘉兴、杭州、绍兴、宁波、金华、衢州、温州、丽水。国内分布于浙江、陕西、云南、四川中部、重庆、贵州、湖北、湖南、安徽、江西、江苏、上海、福建、广东、香港、广西。

繁殖 繁殖期4—8月。成对营巢繁殖。通常营巢在山地森林中的树上，多自己在树干上凿洞为巢，有时也利用天然树洞。洞口距地高多在3~18m，洞口直径约7cm，深17cm。每窝产卵2~5枚，多为3~4枚。卵呈卵圆形，白色，大小为（30~39mm）×（22~29mm）。雌、雄亲鸟轮流孵卵。雏鸟晚成性。

居留型 留鸟（R）。

保护与濒危等级 《中国生物多样性红色名录》无危（LC）；《IUCN红色名录》无危（LC）。

保护区相关记录 首次记录为第一次综合科考（1984）。翁少平（2014）、张雁云（2017）也有记录。

89 黑眉拟啄木鸟

Psilopogon faber (Swinhoe, 1870)

目 啄木鸟目 PICFORMES
科 拟啄木鸟科 Capitonidae

英文名 Chinese Barbet

形态特征 小型鸟类，体长 20~25cm。额红色，或额和头顶黑色。眼前具黑色条纹，眉黑色。颈侧和耳覆羽蓝色，后颈、背、腰和尾绿色。飞羽黑色，外翈边缘微缀有蓝色，内翈边缘蛋黄色。颏和上喉金黄色，下喉和颈侧蓝色，形成 1 条蓝色颈环，其下具 1 块鲜红色斑或带，胸、腹和其余下体淡黄绿色。虹膜红褐色；嘴粗厚，铅黑色；脚暗灰色。

栖息环境 主要栖息于海拔 2500m 以下的中、低山和山脚平原常绿阔叶林与次生林中。

生活习性 常单独或成小群活动。多栖息于树上层或树梢上，不爱动。飞行笨拙，只能

短距离飞行，不能长时间地持续飞行。晚上多栖息于树洞中。鸣声单调而洪亮，常不断地重复鸣叫，其声似"噶－噶"或"咯－咯－咯"，有点像念经的木鱼声。主要以植物果实和种子为食，也吃少量昆虫等动物性食物。

地理分布 保护区记录于石鼓背、黄桥、双坑口、金竹坪等地。浙江省内见于温州、丽水。国内分布于浙江、贵州、江西、福建、广东、广西。

繁殖 繁殖期 4—6 月。营巢于树洞中。每窝产卵 3 枚。卵白色。

居留型 留鸟（R）。

保护与濒危等级 《中国生物多样性红色名录》无危（LC）;《IUCN 红色名录》无危（LC）。

保护区相关记录 2020 年科考新增物种。

90 蚁䴕 欧亚蚁䴕、歪脖鸟、地表鸟

Jynx torquilla Linnaeus, 1758

目 啄木鸟目 PICFORMES
科 啄木鸟科 Picidae

英文名 Eurasian Wryneck

形态特征 小型鸟类，体长 16~19cm。额及头顶污灰色，杂以黑褐色细横斑和具灰白色端斑。上体余部灰褐色，两翅沾棕色，均缀有褐色虫蠹状斑。枕、后颈至上背具粗阔的黑色纵纹，并杂以褐灰色，形成姜形大块斑。肩羽、三级飞羽亦具黑色纵纹，羽缘具白色斑点，外侧飞羽淡黑褐色，外侧具淡栗色方形块斑，内侧具一系列灰棕色三角形斑块。尾较软，末端圆形，大理石银灰色或褐灰色，具 3~4 道黑色横斑，缀以黑褐色横斑和虫蠹状斑。嘴直，细小而弱。耳羽栗褐色，杂以黑褐色细斑纹。须近白色。颈、喉、前颈和胸棕黄色，向后逐渐变为灰白色，密杂以黑褐色细横斑，在腹和下胁斑较疏，且变为矢状。尾下覆羽棕黄色，具稀疏的黑褐色横斑。幼鸟与成鸟大致相似，但体色更暗，尾羽淡灰色，具宽的黑色端斑，尾下覆羽黄灰色。

栖息环境 主要栖息于低山和平原开阔的疏林地带，尤喜阔叶林和针阔叶混交林，有时也出现于针叶林、林缘灌丛、河谷、田边和居民点附近的果园等处。

生活习性 除繁殖期成对以外，常单独活动。栖息时多落于低矮的小树或灌丛上，也能直立于树干上，长久不动。多在地面觅食，行走时跳跃式前进。飞行迅速而敏捷，常突然升空，后又突然下降，行动诡秘。它可以用爪抓住树干，斜向移动。虽然很多时间在树枝上度过，但有时栖息在低灌木和草地上，因其体色与地面枯草或沙土相似，容易隐蔽，常闻其声，不见其踪影，故又有“地表鸟”之称。头甚灵活，当受到惊吓时能向各个方向扭转，故有“歪脖鸟”之名。繁殖期鸣叫频繁，鸣声短促而尖锐，其声似“嘎 – 嘎 – 噶”。主要捕捉地面或树洞里的蚂蚁，当寻得蚁洞的时候，将舌头伸进蚁穴中，然后将蚂蚁黏住拉出，也吃一些小甲虫。

地理分布 保护区内见于三插溪一带。浙江省各地广布。国内见于各省份。

繁殖 繁殖期 5—7 月，4 月末即已成对。营巢于树洞或啄木鸟废弃洞中，也在腐朽的树木和树桩上的自然洞穴中营巢，甚至在建筑物墙壁和空心电线杆顶端营巢。每窝产卵 5~14 枚，多为 7~12 枚。卵圆形或长卵圆形，白色，大小为（22~24mm）×（15~17mm），重 3~4g。雌、雄亲鸟轮流孵卵，孵化期 12~14 天。雏鸟晚成性，雌、雄亲鸟共同育雏，经过 19~21 天的喂养，幼鸟即可离巢飞翔。

居留型 冬候鸟（W）。

保护与濒危等级 浙江省重点保护野生动物；《中国生物多样性红色名录》无危（LC）；《IUCN 红色名录》无危（LC）。

保护区相关记录 首次记录为翁少平（2014）。张雁云（2017）也有记录。

91 斑姬啄木鸟

Picumnus innominatus Burton, 1836

目 啄木鸟目 PICFORMES
科 啄木鸟科 Picidae

英文名 Speckled Piculet

形态特征 小型鸟类，体长 9~10cm。雄鸟额至后颈栗色或烟褐色，头顶前部缀以橙红色，羽基黑色。背至尾上覆羽橄榄绿色；两翅暗褐色，外缘沾黄绿色，翼缘近白色，翅上覆羽和内侧飞羽表面同背。尾羽黑色，中央 1 对尾羽内侧白色或黄白色，外侧 3 对尾羽有宽阔的斜向白色或淡黄白色次端斑。自眼先开始有条白纹沿眼的上下方延伸至颈侧。耳羽栗褐色。颏、喉近白色，缀有圆形黑褐色斑点，其余下体淡绿黄色或皮黄白色。胸、上腹以及两胁布满大的圆形黑色斑点，到后胁和尾下覆羽呈横斑状。腹中部黑色斑点不明显或没有黑色斑点。雌鸟与雄鸟相似，但头顶前部不缀橙红色，为单一的栗色或烟褐色。虹膜褐色或红褐色，嘴和脚铅褐色或灰黑色。

栖息环境 栖息于海拔 2000m 以下的低山丘陵和山脚平原常绿或落叶阔叶林中，也出现于中山混交林和针叶林中。尤其喜欢在开阔的疏林、竹林和林缘灌丛活动。

生活习性 常单独活动，多在地上或树枝上觅食，较少像其他啄木鸟那样在树干攀缘。主要以蚂蚁、甲虫等昆虫为食。

地理分布 保护区记录于上芳香、丁步头、东坑、小燕等地。浙江省内见于杭州、绍兴、宁波、衢州、温州、丽水。国内分布于浙江、山东、河南南部、山西南部、陕西南部、甘肃南部、云南、四川南部、重庆、贵州、湖北、湖南、安徽、江西、江苏、上海、福建、广东、香港、广西。

繁殖 繁殖期 4—7 月。营巢于树洞中。每窝产卵 3~4 枚。卵白色，卵圆形或近圆形，大小为（13~16mm）×（11~13mm）。雌、雄亲鸟轮流孵卵。

居留型 留鸟（R）。

保护与濒危等级 浙江省重点保护野生动物;《中国生物多样性红色名录》无危（LC）;《IUCN 红色名录》无危（LC）。

保护区相关记录 首次记录为第一次综合科考（1984）。翁少平（2014）、张雁云（2017）也有记录。

92 大斑啄木鸟 赤䴕、白花啄木鸟、啄木冠

Dendrocopos major (Linnaeus, 1758)

目 啄木鸟目 PICFORMES
科 啄木鸟科 Picidae

英文名 Greater Pied Woodpecker

形态特征 小型鸟类，体长20~25cm。雄鸟额棕白色，眼先、眉、颊和耳羽白色，头顶黑色且具蓝色光泽，枕具一辉红色斑，后枕具一窄的黑色横带。后颈及颈两侧白色，形成一白色领圈。肩白色，背辉黑色，腰黑褐色且具白色端斑；两翅黑色，翼缘白色，飞羽内翈均具方形或近方形白色块斑，翅内侧中覆羽和大覆羽白色，在翅内侧形成一近圆形大白斑。中央尾羽黑褐色，外侧尾羽白色并具黑色横斑。颧纹宽阔，呈黑色，向后分上、下支，上支延伸至头后部，另一支向下延伸至胸侧。颏、喉、前颈至胸以及两胁污白色，腹亦为污白色，略沾桃红色，下腹中央至尾下覆羽辉红色。雌鸟头顶、枕至后颈辉黑色且具蓝色光泽，耳羽棕白色，其余似雄鸟。雄性幼鸟整个头顶暗红色，枕、后颈、背、腰、尾上覆羽和两翅黑褐色，较成鸟浅淡；前颈、胸、两胁和上腹棕白色，下腹至尾下覆羽浅桃红色。虹膜暗红色，嘴铅黑色或蓝黑色，跗跖和趾褐色。

栖息环境 栖息于山地和平原针叶林、针阔叶混交林、阔叶林中，以混交林和阔叶林较多，也出现于林缘和农田地边疏林、灌丛地带。

生活习性 常单独或成对活动，繁殖后期则成松散的家族群活动。多在树干和粗枝上觅食，有时也在地上倒木和枝叶间取食。觅食时常从树的中下部跳跃式地向上攀缘，如发现树皮或树干内有昆虫，就迅速啄木，用舌头探入树皮缝隙或从啄出的树洞内钩取害虫。如

啄木时发现有人，则绕到被啄木的后面藏匿或继续向上攀缘，搜索完一棵树后再飞向另一棵树，飞翔时两翅一开一闭，成大波浪式前进。叫声“jen-jen-”。主要以各种昆虫为食，也吃蜗牛、蜘蛛等其他小型无脊椎动物，偶尔吃橡实、松子、稠李和草籽等植物性食物。

地理分布 保护区记录于上芳香。浙江省内见于湖州、杭州、绍兴、舟山、衢州、温州、丽水。国内分布于浙江、云南、贵州、湖北、安徽、江西、广东。

繁殖 繁殖期4—5月。3月末即开始发情，其间常用嘴猛烈敲击树干，发出“咣咣”的连续声响，以引诱异性。有时亦见两雄一雌争斗，彼此搅作一团，上下翻飞，边飞边叫，直至一只雄鸟被赶走。营巢于树洞中，巢洞多选择在心材已腐朽的阔叶树树干上，有时也在粗的侧枝上，由雌、雄鸟共同啄凿而成。每年都要啄新洞，不用旧巢，每个巢洞约需15天完成。巢洞距地高多在2~10m，洞口圆形，直径为4.5~4.6cm，洞内径为8.5~10.0cm，洞深18~28cm，巢内无任何内垫物，仅有少许木屑。每窝产卵3~8枚，多为4~6枚。卵椭圆形，白色，光滑无斑，大小为（24~27mm）×（16~21mm）。雌、雄亲鸟轮流孵卵，孵化期13~16天。雏鸟晚成性，孵出后通体赤裸无羽，肉红色。雌、雄亲鸟共同育雏，经过20~23天的喂养，幼鸟即可离巢飞翔。

居留型 留鸟（R）。

保护与濒危等级 浙江省重点保护野生动物；《中国生物多样性红色名录》无危（LC）；《IUCN红色名录》无危（LC）。

保护区相关记录 首次记录为第一次综合科考（1984）。翁少平（2014）、张雁云（2017）也有记录。

93 灰头绿啄木鸟 黑枕绿啄木鸟、绿啄木鸟

Picus canus Gmelin, JF, 1788

目 啄木鸟目 PICFORMES
科 啄木鸟科 Picidae

英文名 Grey-headed Woodpecker

形态特征 中小型鸟类，体长26~33cm。雄鸟额基灰色且杂有黑色，额、头顶朱红色，头顶后部、枕和后颈灰色或暗灰色且杂以黑色羽干纹；眼先黑色眉纹灰白色；耳羽、颈侧灰色，颧纹黑色宽而明显。背和翅上覆羽橄榄绿色，腰及尾上覆羽绿黄色。中央尾羽橄榄褐色，两翈具灰白色半圆形斑，端部黑色，羽轴辉亮黑色；外侧尾羽黑褐色且具暗色横斑。初级飞羽黑色，外翈具白色方形横斑，内翈基部亦具白色横斑；次级飞羽外翈沾橄榄黄色，白斑不明显。下体颏、喉和前颈灰白色，胸、腹和两胁灰绿色，尾下覆羽亦为灰绿色，羽端草绿色。雌鸟额至头顶暗灰色，具黑色羽干纹和端斑，其余同雄鸟。雄性幼鸟嘴基灰褐色；额红色，呈近圆形斑并具橙黄色羽缘；头顶暗灰绿色且具淡黑色羽轴点斑，头侧至后颈暗灰色；两胁、下腹至尾下覆羽灰白色并杂以淡黑色斑点和横斑；其余同成鸟。虹膜红色，嘴灰黑色，脚和趾灰绿色或褐绿色。

栖息环境 主要栖息于低山阔叶林和混交林，也出现于次生林和林缘地带，很少到针叶林中。秋冬季常出现于路旁、农田地边疏林，也常到村庄附近小林内活动。

生活习性 常单独或成对活动，很少成群。飞行迅速，成波浪式前进。常在树干的中下部取食，也常在地面取食，尤其是地上倒木和蚁冢上活动较多。平时很少鸣叫，叫声单

纯，仅发出单音节，“ga-ga-”声。但繁殖期鸣叫甚频繁而洪亮，声调亦较长而多变，其声似“gao-gao-gao-”。主要以鳞翅目、鞘翅目、膜翅目等昆虫为食。觅食时常由树干基部螺旋上攀搜寻，能把树皮下或树干木质部里的害虫用长舌钩出来。偶尔吃植物果实和种子。

地理分布 保护区记录于上芳香。浙江省内见于嘉兴、杭州、绍兴、宁波、金华、衢州、温州、丽水。国内分布于浙江、北京、天津、河北、山东、河南、山西、陕西、甘肃、湖北、安徽、江西、江苏、上海。

繁殖 繁殖期4—6月。4月初即见成对活动。营巢于混交林、阔叶林、次生林或林缘腐朽的阔叶树树洞中，巢洞由雌、雄亲鸟共同啄凿完成，每年都新啄巢洞，一般不利用旧巢。巢洞距地高2.7~11.0m，洞口圆形或椭圆形，直径5~6cm，洞内径13~15cm，深27~42cm，巢内无任何内垫物。1年繁殖1窝，5月初即有开始产卵的。每窝产卵8~11枚，多为9~10枚。卵圆形，乳白色，光滑无斑，大小为（28.5~30.7mm）×（21.0~22.9mm），重6.5g。卵产齐后才开始孵卵，由雌、雄亲鸟轮流承担，孵化期12~13天。雏鸟晚成性，雌、雄亲鸟共同育雏，23~24天后，幼鸟即可飞翔和离巢。

居留型 留鸟（R）。

保护与濒危等级 浙江省重点保护野生动物；《中国生物多样性红色名录》无危（LC）；《IUCN 红色名录》无危（LC）。

保护区相关记录 首次记录为第一次综合科考（1984）。翁少平（2014）、张雁云（2017）也有记录。

94 黄嘴栗啄木鸟 黄嘴红啄木鸟

Blythipicus pyrrhotis (Hodgson, 1837)

目 啄木鸟目 PICFORMES
科 啄木鸟科 Picidae

英文名 Bay Woodpecker

形态特征 中型鸟类，体长 25~32cm。体羽赤褐色且具黑斑。雄鸟颈侧及枕具绯红色块斑。嘴长，嘴端呈截平状。体羽大都栗色，上、下体均有横斑。上体大都棕褐色，下背以下暗褐色；自枕下至颈侧及耳羽后有一大赤红斑；头顶羽具淡色轴纹；背、尾及翅具黑横斑。下体暗褐色，胸具淡栗色细羽干纹。雌鸟颈项及颈侧均无红斑。幼鸟头上羽干纹较粗，下体较暗褐色；嘴长而粗壮，鼻孔暴露；圆翅，初级飞羽稍长于次级飞羽；后趾发育完全，第 4 趾较第 5 趾略长。雄鸟虹膜棕红色，雌鸟虹膜灰褐色；嘴黄色，基部沾绿色；跗跖和趾淡褐黑色，爪角绿色。

栖息环境 主要栖息于山地常绿阔叶林中。冬季也常到山脚平原和林缘地带活动、觅食。

生活习性 常单独或成对活动。繁殖期叫声粗犷而嘈杂。多在树中上层栖息和觅食，有时也到地上和倒木上觅食蚂蚁。主要以昆虫为食，也吃蠕虫和其他小型无脊椎动物。高声大叫“keek, keek-keek-keek, keek, keek”，音频稳但音程回落，恰似八声杜鹃。具有极为高超的捕虫本领，嘴强直而尖，能啄开树皮和坚硬的木质部分；舌细长而柔软，能长长地伸出嘴外，还有 1 对很长的舌角骨，围在头骨的外面，起到弹簧的作用，使舌头伸缩自如，舌尖角质化，有成排的倒须钩和黏液，非常适合钩取树干上的昆虫。每天清晨，它们就开

始用嘴敲击树干，如果发现虫，就紧紧地攀在树上，头和嘴与树干几乎垂直，先将树皮啄破，将害虫用舌头一一钩出来吃掉，将虫卵用黏液黏出。若虫子躲藏在树干深部的通道中，它还会巧施“击鼓驱虫”的妙计，用嘴在通道处敲击，使害虫在声波的刺激下四处窜动，企图逃出洞口，而恰好被等在这里的啄木鸟擒获。它们一般要把整棵树的小囊虫彻底消灭才转移到另一棵树上，碰到虫害严重的树，就会在这棵树上连续工作几天，直到清除全部害虫为止。

地理分布 保护区内较为常见，记录于夏田、上芳香、乌岩尖、双坑口、三插溪、黄泥坳、金针湖、溪斗等。浙江省内见于衢州、温州。国内分布于浙江、四川、贵州、湖北、湖南、江西、福建、广东、香港、广西。

繁殖 繁殖期5—6月。通常营巢于森林树上，由亲鸟自己啄洞营巢。巢多选择在树干内面腐朽、易于啄凿的活树或死树上。每窝产卵2~4枚。卵白色，大小为（27~33mm）×（19~23mm）。

居留型 留鸟（R）。

保护与濒危等级 浙江省重点保护野生动物;《中国生物多样性红色名录》无危（LC）;《IUCN红色名录》无危（LC）。

保护区相关记录 首次记录为第一次综合科考（1984）。翁少平（2014）、张雁云（2017）也有记录。

95 红隼 茶隼、红鹰、黄鹰、红鹞子

Falco tinnunculus Linnaeus, 1758

目 隼形目 FALCONIFORMES
科 隼科 Falconidae

英文名 Common Kestrel

形态特征 小型猛禽，体长 31~38cm。雄鸟头顶、头侧、后颈、颈侧蓝灰色，具纤细的黑色羽干纹；前额、眼先和细窄的眉纹棕白色。背、肩和翅上覆羽砖红色，具近似三角形的黑色斑点；腰和尾上覆羽蓝灰色，具纤细的暗灰褐色羽干纹。尾蓝灰色，具宽阔的黑色次端斑和窄的白色端斑；翅初级覆羽和飞羽黑褐色，具淡灰褐色端缘；初级飞羽内翈具白色横斑，并微缀褐色斑纹；三级飞羽砖红色，眼下有一宽的黑色纵纹沿口角垂直向下。颏、喉乳白色或棕白色，胸、腹和两胁棕黄色或乳黄色，胸和上腹缀黑褐色细纵纹，下腹和两胁具黑褐色矢状或滴状斑；覆腿羽和尾下覆羽浅棕色或棕白色，尾羽下面银灰色，翅下覆羽和腋羽皮黄白色或淡黄褐色，具褐色点状横斑，飞羽下面白色，密被黑色横斑。雌鸟上体棕红色，头顶至后颈以及颈侧具粗著的黑褐色羽干纹；背到尾上覆羽具粗著的黑褐色横斑；尾亦为棕红色，具 9~12 道黑色横斑和宽的黑色次端斑、棕黄白色尖端；翅上覆羽与背同为棕黄色，初级覆羽和飞羽黑褐色，具窄的棕红色端斑，飞羽内翈具白色横斑，并微缀棕色；脸颊部和眼下口角髭纹黑褐色。下体乳黄色微沾棕色，胸、腹和两胁具黑褐色纵纹；覆腿羽和尾下覆羽乳白色，翅下覆羽和腋羽淡棕黄色，密被黑褐色斑点，飞羽和尾羽下面灰白色，密被黑褐色横斑。幼鸟似雌鸟，但上体斑纹较粗著。虹膜暗褐色，眼睑黄色；嘴蓝灰色，先端黑色，基部黄色，蜡膜黄色；脚、趾深黄色，爪黑色。

栖息环境 栖息于山地森林、森林苔原、低山丘陵、草原、旷野、森林平原、山区植物

稀疏的混合林、开垦耕地、灌丛草地、林缘、林间空地、疏林、河谷。

生活习性 平常喜欢单独活动。飞翔力强，喜逆风飞翔，可快速振翅停于空中。视力佳，取食迅速，见地面有食物时便迅速俯冲捕捉，也可在空中捕食。主要吃老鼠、雀形目鸟类、蛙、蜥蜴、松鼠、蛇等小型脊椎动物，也吃蝗虫、蟋蟀等昆虫。觅食活动在白天，主要在空中搜寻，或在空中迎风飞翔，或低空飞行搜寻猎物，经常扇动两翅在空中短暂停留观察猎物，一旦锁定目标，则收拢双翅俯冲而下直扑猎物，再突然飞起，迅速升上高空。有时则站立于悬崖高处，或站在树顶和电线杆上等候，等猎物出现时猛扑。

地理分布 保护区记录于后坑、三插溪、小燕、上燕、何园等地。浙江省各地广布。国内见于各省份。

繁殖 繁殖期 5—7 月。通常营巢于悬崖、山坡岩石缝隙、土洞、树洞，以及喜鹊、乌鸦、其他鸟类在树上的旧巢中。巢较简陋，由枯枝构成，内垫草茎、落叶和羽毛。每窝产卵通常 4~5 枚，偶尔有多至 8 枚和少至 3 枚的。通常每隔 1 天或 2 天产 1 枚卵。卵白色或赭色，密被红褐色斑，有的仅在钝端被少许红褐色斑，大小为（36~42mm）×（29~33mm），重 16~23g。孵卵主要由雌鸟承担，雄鸟偶尔替换雌鸟，孵化期 28~30 天。雏鸟晚成性，由雌、雄亲鸟共同喂养，经过 30 天左右才能离巢。

居留型 留鸟（R）。

保护与濒危等级 国家二级重点保护野生动物；《中国生物多样性红色名录》无危（LC）；《IUCN 红色名录》无危（LC）。

保护区相关记录 首次记录为翁少平（2014）。张雁云（2017）也有记录。

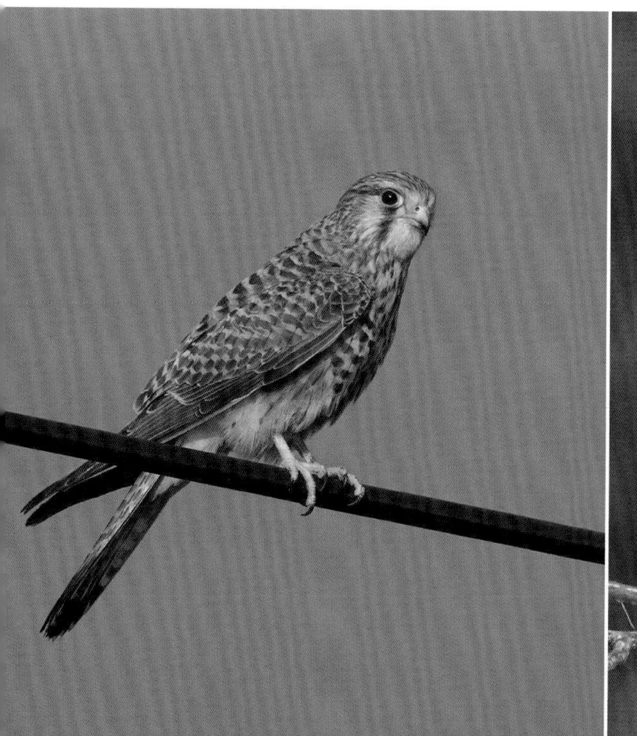

96 灰背隼 鸽子鹰

Falco columbarius Linnaeus, 1758

目 隼形目 FALCONIFORMES
科 隼科 Falconidae

英文名 Merlin

形态特征 小型猛禽，体长 25~33cm。前额、眼先、眉纹、头侧、颊和耳羽均为污白色，微缀皮黄色。上体的颜色比其他隼类浅淡，尤其是雄鸟，呈淡蓝灰色，具黑色羽轴纹。尾羽上具有宽阔的黑色亚端斑和较窄的白色端斑。后颈为蓝灰色，有 1 个棕褐色的领圈，并杂有黑斑，是其独有的特点。颊部、喉部为白色，其余的下体为淡棕色，具有粗著的棕褐色羽干纹。虹膜暗褐色，眼周和蜡膜黄色；嘴铅蓝灰色，尖端黑色，基部黄绿色；脚和趾橙黄色，爪黑褐色。

栖息环境 栖息于开阔的低山丘陵、山脚平原、森林平原、海岸和森林苔原地带，特别是林缘、林中空地、山岩和有稀疏树木的开阔地方，冬季和迁徙季节也见于荒山河谷、平原旷野、草原灌丛和开阔的农田草坡地区。

生活习性 常单独活动，叫声尖锐。多在低空飞翔，在快速地鼓翼飞翔之后，偶尔又进行短暂的滑翔，发现食物则立即俯冲下来捕食。休息时在地面上或树上。主要以小型鸟类、鼠类和昆虫等为食，也吃蜥蜴、蛙和小型蛇类。主要在空中飞行捕食，常追捕鸽子，所以俗称“鸽子鹰”，有时也在地面上捕食。幼鸟常飞到空中去追逐飘舞的羽毛或者蒲公英的花序，并且向这些东西发动模拟进攻，这也是它们为将来的捕猎生涯做准备。

地理分布 早期科考资料有记载，但本次调查未见。浙江省内见于杭州、绍兴、宁波、温州、丽水。国内分布于浙江、黑龙江、吉林、辽宁、北京、天津、河北、山东、河南、陕西、内蒙古、甘肃、新疆、青海、云南、四川、重庆、贵州、湖北、湖南、安徽、江西、江苏、上海、福建、广东、广西、台湾。

繁殖 繁殖期为 5—7 月。通常营巢于树上或悬崖岩石上，偶尔也在地上。特别喜欢占用乌鸦、喜鹊和其他鸟类的旧巢，有时也自己营巢。如果繁殖成功，巢还可以继续利用。巢的结构较为简陋，主要由枯枝构成，形状为浅盘状。每窝通常产卵 3~4 枚，偶尔多至 5~7 枚和少至 2 枚。卵的颜色为砖红色，被暗红褐色斑点，大小为（37~42mm）×（29~34mm）。由亲鸟轮流孵卵，孵化期为 28~32 天。雏鸟为晚成性，孵出后由亲鸟轮流抚养，25~30 天后离巢。

居留型 冬候鸟（W）。

保护与濒危等级 国家二级重点保护野生动物；《中国生物多样性红色名录》近危（NT）；《IUCN 红色名录》无危（LC）。

保护区相关记录 首次记录为翁少平（2014）。张雁云（2017）也有记录。

97 燕隼 土鹘、蚂蚱鹰、虫鹞

Falco subbuteo Linnaeus, 1758

目 隼形目 FALCONIFORMES
科 隼科 Falconidae

英文名 Eurasian Hobby

形态特征 小型猛禽，体长28~35cm。上体为暗蓝灰色，有1条细细的白色眉纹，颊部有1条垂直向下的黑色髭纹，颈部的侧面、喉部、胸部和腹部均为白色，胸部和腹部还有黑色的纵纹，下腹部至尾下覆羽、覆腿羽为棕栗色。尾羽为灰色或石板褐色，除中央尾羽外，所有尾羽的内翈均具有皮黄色、棕色或黑褐色的横斑和淡棕黄色的羽端。飞翔时翅膀狭长而尖，像镰刀一样，翼下为白色，密布黑褐色的横斑。翅膀折合时，翅尖几乎到达尾羽的端部，看上去很像燕子，因而得名。虹膜黑褐色，眼周和蜡膜黄色；嘴蓝灰色，尖端黑色；脚、趾黄色，爪黑色。

栖息环境 栖息于有稀疏树木生长的开阔平原、旷野、耕地、海岸、疏林和林缘地带，有时也到村庄附近，但很少在茂密的森林和没有树木的裸露荒原。

生活习性 常单独或成对活动，飞行快速而敏捷，如同闪电一般，在短暂的鼓翼飞翔后又接着滑翔，并能在空中短暂停留。停息时大多在高大的树上或电线杆的顶上。主要以雀形目小鸟为食，偶尔捕捉蝙蝠，也大量地捕食蜻蜓、蟋蟀、蝗虫、天牛、金龟甲等昆虫。主要在空中捕食，甚至能捕捉飞行速度极快的家燕和雨燕等。虽然它也同其他隼类一样在白天活动，但是在黄昏时捕食活动最为频繁。常在田边、林缘和沼泽地上空飞翔捕食，有时也到地上捕食。

地理分布 保护区内记录于何园。浙江省各地广布。国内分布于浙江、云南、四川、重庆、贵州、湖北、湖南、安徽、江西、江苏、上海、福建、广东、香港、广西、海南、台湾。

繁殖 繁殖期5—7月。配对以后，雄鸟常常嘴里衔着食物，以一种踩高跷的姿态走近雌鸟，一边不断地点头，一边将两腿分开，露出内侧的羽毛，然后将食物交给雌鸟，完成它们之间的鞠躬仪式，接着雄鸟和雌鸟在空中双双飞舞，同时伴随着特有的单调而柔和的鸣叫。营巢于疏林或林缘、田间的高大乔木上，通常自己很少营巢，而是侵占乌鸦和喜鹊的巢。巢距地面的高度大多在10~20m。每窝产卵2~4枚，多数为3枚。卵白色，密布红褐色的斑点，大小为（37~43mm）×（30~32mm）。孵卵由亲鸟轮流进行，但以雌鸟为主，孵化期为28天。雏鸟晚成性，由亲鸟共同抚养，28~32天后才能离巢。

居留型 留鸟（R）。

保护与濒危等级 国家二级重点保护野生动物；《中国生物多样性红色名录》无危（LC）；《IUCN红色名录》无危（LC）。

保护区相关记录 首次记录为第一次综合科考（1984）。翁少平（2014）、张雁云（2017）也有记录。

98 游隼 花梨鹰、鸽虎

Falco peregrinus Tunstall, 1771

目 隼形目 FALCONIFORMES
科 隼科 Falconidae

英文名 Peregrine Falcon

形态特征 中型猛禽，体长38~50cm，翼展95~115cm。头顶和后颈暗石板蓝灰色到黑色，有的缀有棕色；背、肩蓝灰色，具黑褐色羽干纹和横斑，腰和尾上覆羽亦为蓝灰色，但稍浅，黑褐色横斑亦较窄；尾暗蓝灰色，具黑褐色横斑和淡色尖端；翅上覆羽淡蓝灰色，具黑褐色羽干纹和横斑；飞羽黑褐色，具污白色端斑和微缀棕色斑纹，内翈具灰白色横斑；颊部具宽阔而下垂的黑褐色髭纹。喉和髭纹前后白色，其余下体白色或皮黄白色；上胸和颈侧具细的黑褐色羽干纹，其余下体具黑褐色横斑；翼下覆羽、腋羽和覆腿羽亦为白色，具密集的黑褐色横斑。幼鸟上体暗褐色或灰褐色，具皮黄色或棕色羽缘；下体淡黄褐色或皮黄白色，具粗著的黑褐色纵纹；尾蓝灰色，具肉桂色或棕色横斑。虹膜暗褐色，眼睑和蜡膜黄色；嘴铅蓝灰色，嘴基部黄色，嘴尖黑色；脚和趾橙黄色，爪黄色。普通亚种幼鸟爪玉白色，与猎隼类似。

栖息环境 栖息于山地、丘陵、荒漠、半荒漠、海岸、旷野、草原、河流、沼泽与湖泊沿岸地带，也到开阔的农田和村庄附近活动。

生活习性 多单独活动。通常在快速鼓翼飞翔时伴随着一阵滑翔；也喜欢在空中翱翔。性情凶猛，即使是对比其体形大很多的金雕、矛隼、鸳等也敢于攻击，不过动机往往是保卫巢穴和领地。主要捕食野鸭、鸥、鸠鸽、乌鸦和鸡类等中小型鸟类，偶尔也捕食鼠和野兔等小型哺乳动物。由于它主要是在空中捕食，因而比其他猛禽需要更快的速度、相对较大

的体重，还有可以减少阻力的狭窄翅膀和比较短的尾羽。大多数时候都在空中飞翔巡猎，发现猎物时首先快速升上高空，占领制高点，然后将双翅折起，使翅膀上的飞羽和身体的纵轴平行，头收缩到肩部，以每秒 75~100m 的速度近似垂直地从高空俯冲而下，当靠近猎物时，稍稍张开双翅，利用高速冲击力以后趾猛烈击打或用匕首般锋利的脚爪一把攫住猎物，致其受伤或立即毙命，最后它将猎物带到较为隐蔽的地方，用双脚按住，用嘴剥除羽毛后再撕成小块吞食。

地理分布 保护区内记录于乌岩尖、何园、上芳香等地。浙江省各地广布。国内分布于浙江、黑龙江、吉林、辽宁、北京、天津、河北、山东、河南、山西、陕西、内蒙古、宁夏、甘肃、湖北、安徽、江苏、上海、海南、台湾。

繁殖 繁殖期 4—6 月。一夫一妻制，经常可看到亲鸟出双入对。营巢于林间空地、河谷悬崖、地边树林以及其他各类生境中人类难以到达的峭壁悬崖上，也营巢于土丘或沼泽地上，有时也利用其他鸟类如乌鸦的巢，也在树洞与建筑物上筑巢。巢主要由枯枝构成，内放有少许草茎、草叶和羽毛，也有的无任何内垫物。每窝产卵 2~4 枚，偶尔也有多至 5~6 枚的。卵为红褐色，大小为（49~58mm）×（39~43mm）。雌、雄亲鸟轮流孵卵，孵卵期间领域性极强，孵化期 28~29 天。雏鸟晚成性，孵出后由亲鸟抚养，经过 35~42 天后才能离巢。

居留型 冬候鸟（W）。

保护与濒危等级 国家二级重点保护野生动物;《中国生物多样性红色名录》近危（NT）;《IUCN 红色名录》无危（LC）。

保护区相关记录 首次记录为翁少平（2014）。张雁云（2017）也有记录。

99 黑枕黄鹂 黄鹂、黄莺、黄鸟

Oriolus chinensis Linnaeus, 1766

目 雀形目 PASSERIFORMES
科 黄鹂科 Oriolidae

英文名 Black-naped Oriole

形态特征 中型鸟类，体长23~27cm。雄鸟头和上、下体羽大都金黄色。下背稍沾绿色，呈绿黄色，腰和尾上覆羽柠檬黄色。额基、眼先黑色并穿过眼经耳羽向后枕延伸，并相连形成1条围绕头顶的黑色宽带，尤以枕部较宽。两翅黑色；翅上大覆羽外翈和羽端黄色，内翈大都黑色，小翼羽黑色，初级覆羽黑色，羽端黄色，其余翅上覆羽外翈金黄色，内翈黑色。初级飞羽黑色，除第1枚初级飞羽外，其余初级飞羽外翈均具黄白色或黄色羽缘和尖端，次级飞羽黑色，外翈具宽的黄色羽缘，三级飞羽外翈几全为黄色。尾黑色，除中央1对尾羽外，其余尾羽均具宽阔的黄色端斑，且端斑愈向外侧愈大。雌鸟与雄鸟羽色大致相近，但色彩不及雄鸟鲜亮，羽色较暗淡，背面较绿色，呈黄绿色。幼鸟与雌鸟相似，上体黄绿色，下体淡绿黄色，下胸、腹中央黄白色，整个下体均具黑色羽干纹。虹膜红褐色，嘴粉红色，脚铅蓝色。

栖息环境 主要栖息于低山丘陵和山脚平原地带的天然次生阔叶林、混交林，也出入于农田、原野、村寨附近和城市公园的树上。

生活习性 常单独或成对活动，有时也见3~5只的松散群。主要在高大乔木的树冠层活动，很少下到地面。繁殖期喜欢隐藏在树冠层枝叶丛中鸣叫，鸣声清脆婉转，富有弹音，并且能变换腔调和模仿其他鸟的鸣叫，清晨鸣叫最为频繁，有时边飞边鸣。飞行呈波浪式。主要食物有鞘翅目、鳞翅目、螽斯、蝗虫、蟋蟀、螳螂等昆虫，也吃少量植物果实与种子。

地理分布 早期科考资料有记载，但本次调查未见。浙江省各地广布。除新疆、西藏、青海外，分布于国内各省份。

繁殖 繁殖期5—7月。通常营巢在阔叶林内高大乔木上。巢由雌、雄鸟共同筑造，雄鸟主要是收集和运送巢材，雌鸟筑巢。巢呈吊篮状，主要由枯草、树皮纤维、麻等材料构成，距地高3~8m，大小为外径13~16cm，内径8~12cm，高9~13cm，深7~9cm。1年繁殖1窝，每窝产卵3~5枚。卵呈椭圆形，粉红色，其上被深、浅两层且大小不等的红褐色、灰紫褐色斑点或条形斑纹，大小为（21.5~22.5mm）×（27.5~33.0mm），重6.6~7.5g。卵产齐后即开始孵卵，孵卵由雌鸟承担，孵化期14~16天。雏鸟晚成性，雌、雄亲鸟共同育雏，7天左右雏鸟才睁眼，16天左右离巢。

居留型 夏候鸟（S）。

保护与濒危等级 浙江省重点保护野生动物；《中国生物多样性红色名录》无危（LC）；《IUCN红色名录》无危（LC）。

保护区相关记录 首次记录为第一次综合科考（1984）。翁少平（2014）、张雁云（2017）也有记录。

100 红翅鵙鹛

Pteruthius aeralatus Blyth, 1855

目 雀形目 PASSERIFORMES
科 莺雀科 Vireondiae

英文名 White-browed Shrike-babbler

形态特征 小型鸟类，体长 15~18cm。头似伯劳，但尾较短，上体色暗，下体色淡，翅具红斑。雄鸟额头顶及枕黑色，具黑蓝色金属光泽；背、腰及尾上覆羽灰蓝色；眼先黑色；颊及耳羽黑色染灰色；眉纹白色从眼前缘后伸达颈侧；颏、喉、上胸灰色；下胸、上腹及两胁浅灰色，飞羽黑褐色；初级飞羽除第 1 枚外，均具白色端斑，其中以第 5 枚白斑最大，两侧较小；第 3 枚初级飞羽及以内的飞羽外翈缘具蓝黑色金属光泽；最内侧 3 枚飞羽内明棕红色，外翈鲜黄色，并具蓝黑色羽端斑，倒数第 4 枚最内侧飞羽中部的外翈鲜黄色，余部与其余 4 枚飞羽同。翼上各覆羽黑褐色，具蓝黑色外翈缘，翼缘白色，羽下覆羽白色；尾羽黑褐色，具细的隐横纹，外翈缘具蓝黑色金属光泽。雌鸟额、头顶及枕蓝灰色，背及尾上覆羽黄褐色；眼先、颊及耳羽似头顶，但色较淡；眉纹灰白色，自眼前上缘后伸达枕部；颏、喉和上胸淡蓝灰色，下胸及上腹灰褐色，下腹及尾下覆羽白色，两胁淡灰褐色；飞羽内翈黑色，第 2 枚初级飞羽及以内各羽的外翈羽缘橄榄绿色，且愈内侧者绿缘愈宽；第 3~6 枚初级飞羽外翈羽缘的远端灰白色；除外侧 3 枚初级飞羽外，各初级飞羽具白色端斑，初级飞羽内翈中部具白斑，最内侧 3 枚飞羽的内翈棕红色，第 3~6 枚初级飞羽具切迹。第 1 枚初级飞羽较长，其长度大于最内侧飞羽，而小于次内侧飞羽；尾羽 12

枚，黄绿色，具黄白色端斑和黑色次端斑，愈外侧色斑愈大。上嘴黑色，具明显的钩和缺，下嘴角白色；脚肉红色，爪色更淡；虹膜棕褐色。

栖息环境 主要栖息于落叶阔叶林、常绿阔叶林和针阔叶混交林的山地森林中。

生活习性 除繁殖期成对活动外，一般单独或6~7只结集成小群或与其他小鸟混群活动。行动甚迟缓但不胆怯。栖息在灌木小枝的顶端。常在阔叶树的树枝间跳动寻食，或攀缘活动于灌丛间，有时缓慢地沿树干向上移动到树顶，在树木裂缝和枝叶间搜寻食物。主要以甲虫、蜚蠊、毛虫等昆虫为食。

地理分布 保护区记录于双坑口、上燕、上芳香等地。浙江省内见于温州、丽水。国内分布于浙江、云南东北部、四川、重庆、贵州南部、湖南、江西东北部、福建、广东。

繁殖 繁殖期4—6月。营巢于茂密的森林中，巢多置于树顶细而下垂的树枝末梢，距离地面5~13m。巢通常由小根、小树枝和纤维组成的，它们无序地堆叠在一起，形成松散的切口；外壁衬有地衣和苔藓，用蜘蛛网加固。每年产1~2窝，每窝产卵2~4枚。卵呈阔卵圆形，粉红色、白色，被紫褐色斑点，斑点在蛋壳的宽阔部分形成1个环，大小为（21~24mm）×（16~19mm）。

居留型 留鸟（R）。

保护与濒危等级 《中国生物多样性红色名录》无危（LC）；《IUCN红色名录》无危（LC）。

保护区相关记录 2020年科考新增物种。

101 淡绿鵙鹛

Pteruthius xanthochlorus Gray, JE & Gray, GR, 1847

目 雀形目 PASSERIFORMES
科 莺雀科 Vireondiae

英文名 Green Shrike Babbler

形态特征 小型鸟类，体长 11~13cm。头顶至后颈蓝灰色或黑色，前额、眼先、头侧暗灰色，眼圈大多白色。上体灰绿色或橄榄绿色，也有的上体为灰橄榄色，到腰和尾上覆羽才变为橄榄绿色。翅上覆羽灰色或黑色，翅上小覆羽褐色，羽缘绿色。大覆羽亦为褐色，但羽缘和尖端黄绿色；初级覆羽黑色。飞羽褐色，最外侧数枚初级飞羽边缘绿色或浅灰近白色，内侧初级飞羽和次级飞羽边缘蓝灰色。尾羽褐色，外翈蓝灰色或绿色，最外侧尾羽外翈浅褐白色；除中央 1 对尾羽外，其余尾羽均具白色端斑。颏、喉、胸淡灰色或灰白色，其余下体亮黄色或灰黄色，两胁橄榄绿色。虹膜灰色、灰褐色或暗灰色；上嘴黑色，下嘴褐色，基部蓝灰色；跗跖肉色。

栖息环境 主要栖息于海拔 1500m 以上的山地针叶林和针阔叶混交林中，秋冬季节也下到海拔 1000m 以下的中低山森林和林缘疏林灌丛地带。

生活习性 常单独或成对活动，常与山雀、鹛及柳莺混群，多活动在密林中树冠层。性宁静，行为谨慎，行动迟缓，常不声不响地在树上部枝叶间搜觅食物，有时亦静静地躲藏在枝叶丛间观察，很少鸣叫。鸣声为快速重复的单音，叫声似“whit”。主要以甲虫、蟒象、蝉等昆虫为食，也吃浆果种子等植物性食物。

地理分布 保护区记录于碑排、上芳香、东坑、岭脚、下寮等地。浙江省内见于杭州、衢州、温州、丽水。国内分布于浙江、陕西南部、甘肃东南部、云南西部、四川、重庆、湖南、安徽。

繁殖 繁殖期 5—7 月。通常营巢于茂密的森林中。巢由细根和少量苔藓、地衣等编织而成，提篮状或深杯状，结构甚为精致，巢外常常网以蜘蛛网和卵壳。巢通常悬吊于树木侧枝枝杈间，用蛛网和枝杈将其牢牢固定。巢距地高多在 1.5~5.0m，有时也发现在 1m 以下的灌木和幼树枝杈上筑巢。通常每窝产卵 3~4 枚，偶尔 2 枚。卵长卵圆形，奶油色，被红褐色斑点，平均大小为 19.4mm × 14.7mm。

居留型 留鸟（R）。

保护与濒危等级 《中国生物多样性红色名录》近危（NT）；《IUCN 红色名录》无危（LC）。

保护区相关记录 2020 年科考新增物种。

102 白腹凤鹛 绿知目鸟、绿画眉、绿凤鹛

Erpornis zantholeuca Blyth, 1844

目 雀形目 PASSERIFORMES
科 莺雀科 Vireondiae

英文名 White-bellied Erpornis

形态特征 小型鸟类，体长 10~12cm。雌、雄羽色相似。整个上体从头到尾淡黄绿色，羽冠短但较明显，额和头顶具黑色羽轴纹，有的羽干纹不明显，眼先、眼周和耳羽灰白色，小翼羽灰褐色，两翅黑褐色，翅上小覆羽和最内侧次级飞羽与背同色，其余覆羽和飞羽外翈与背同色；颊和下体灰白色。虹膜褐色或红褐色；上嘴浅褐色或肉褐色，下嘴浅肉色；脚肉黄色。

栖息环境 主要栖息于海拔 1500m 以下的低山丘陵、山脚与河谷地带的常绿阔叶林、次生林中，也栖息于混交林、针叶林及其林缘疏林灌丛。冬季多活动在海拔 1000m 以下的林缘疏林灌丛和小块树林等开阔地带。

生活习性 常单独或成对活动，秋冬季也集成 3~5 只的小群，有时也与其他小鸟混群。

多活动在林下高的灌木顶枝或小树树冠层，有时也在高的乔木顶枝间跳跃。性活泼，行动敏捷，不似其他凤鹛善鸣叫。活动时较为安静，间或发出低沉的“嗯、嗯”声。主要以甲虫、鳞翅目幼虫、蚂蚁等昆虫为食。

地理分布 保护区记录于双坑口、上芳香、乌岩尖等地。浙江省内见于温州、丽水。国内分布于浙江、云南东南部、贵州、江西、福建、广东、广西、台湾。

繁殖 繁殖期 4—6 月。通常营巢于常绿阔叶林中。巢主要由细草茎、草叶、草根、纤维等材料构成，呈杯状或吊篮状，多悬吊于乔木水平侧枝末梢细的枝杈上或灌木与竹枝上，距地一般不高。每窝产卵 2~3 枚。卵白色，偶见乳白色，其上被淡红色斑点，大小为（15~19mm）×（12~14mm）。

居留型 留鸟（R）。

保护与濒危等级 《中国生物多样性红色名录》无危（LC）;《IUCN 红色名录》无危（LC）。

保护区相关记录 首次记录为张雁云（2017）。

103 大鹃鵙 黑脸鹃鵙

Coracina macei (Lesson, R, 1831)

目 雀形目 PASSERIFORMES
科 山椒鸟科 Campephagidae

英文名 Large Cuckooshrike

形态特征 中型鸟类，体长28~32cm。雄鸟额、眼先、颊、耳羽和颏黑色，其余头部、背、肩等上体蓝灰色或深灰色，腰和尾上覆羽稍浅淡。两翅覆羽与背同色，但初级覆羽多为黑色。飞羽黑色，内、外侧均具灰色或灰白色羽缘。中央尾羽灰褐色或灰黑色，具淡色羽端，其余尾羽黑色且具白色或灰白色端斑，且越往外侧端斑越大。颏黑色，喉暗灰色或灰黑色，胸、腹灰色，下腹至尾下覆羽灰白色至白色。雌鸟与雄鸟大致相似，但上、下体灰色较雄鸟浅淡；额、眼先、耳羽和颊部羽色亦较浅淡，不呈黑色而多为灰黑色或暗灰色；颏、喉亦浅，多和胸同为灰色；腹部常有一些横斑。幼鸟与雌鸟相似，但胸、腹和尾下覆羽有横斑，腰和尾上覆羽也有一些白色鳞状斑；飞羽多具白色狭缘，翼缘黑白相间。虹膜棕红色或红褐色，嘴、脚黑色。

栖息环境 主要栖息于海拔2000m以下的山脚平原、低山地带的山地森林和林缘地带，尤以开阔的次生林、常绿阔叶林和针阔叶混交林较常见。

生活习性 常单独或成小群活动，多活动在树冠层。性大胆。鸣声单调而响亮。动物性食物主要为鞘翅目、鳞翅目、膜翅目等昆虫；植物性食物主要有榕果、浆果、种子。

地理分布 保护区记录于上芳香。浙江省内见于温州、丽水。国内分布于浙江、江西南部、福建中部、广东、广西东部、台湾。

繁殖 繁殖期5—6月，少数在4月即开始。每窝产卵通常2枚，偶尔3枚。卵的平均大小为32.0mm × 22.5mm。其他繁殖情况尚不清楚。

居留型 留鸟（R）。

保护与濒危等级 《中国生物多样性红色名录》无危（LC）;《IUCN红色名录》无危（LC）。

保护区相关记录 首次记录为张雁云（2017）。

104 暗灰鹃鵙 平尾龙眼燕、黑翅山椒鸟

Lalage melaschistos (Hodgson, 1836)

目 雀形目 PASSERIFORMES
科 山椒鸟科 Campephagidae

英文名 Black-winged Cuckooshrike

形态特征 小型鸟类，体长 20~24cm。雄鸟额、头顶、上体暗蓝灰色或黑灰色，腰及尾上覆羽较浅淡、蓝灰色。飞羽深灰色而富有光泽，显得极为黑亮，且具有白色狭缘，有的仅内侧飞羽具狭的白端。尾羽亦为辉亮的黑色，从中央尾羽向两侧尾羽白色端逐渐变大。下体蓝灰色，腹部变浅，多呈灰色。尾下覆羽前部灰色，后部转为浅灰色或白色，有的尾下覆羽亦为灰色，仅羽端白色。雌鸟与雄鸟大致相似，但羽色较淡，亦缺少光泽；飞羽和尾羽灰黑色或黑褐色。下体浅蓝灰色或灰色，多沾有茶黄色，从胸开始有隐约可见的暗色和浅色相间横斑，往后横斑逐渐明显；尾下覆羽灰色或污白色至白色，被波状黑纹，其余同雄鸟。幼鸟上体暗蓝灰色，具棕白色端斑，在上体形成黑白相间的杂斑状；下体浅灰色或蓝灰色，具暗色横斑；其余同成鸟。虹膜棕红色或暗红色，嘴和脚黑色。

栖息环境 主要栖息于海拔 1500m 以下的低山丘陵和山脚一带的疏林中。

生活习性 常单独或成对活动，偶尔也见集成 3~5 只的小群。平时多在高大的树冠层活动，或飞翔于树丛间，或长时间停息在枝叶茂密的树冠上，特别是在林缘和林间空地等开阔地区的松、杉树或高大的阔叶树上较常见，有时也在山坡竹林和小树上栖息，很少到地上活动和觅食。杂食性，主要以昆虫为食，也吃少量植物果实和种子。所吃食物种类随地区和季节不同略有变化，较为常见的食物有甲虫、蝗虫、蟏象、松毛虫、竹节虫、蚂蚁、螳螂等昆虫，也吃蜘蛛、蜗牛等其他小型无脊椎动物。

地理分布 保护区记录于上芳香。浙江省各地广布。国内分布于浙江、北京、河北中西部、山东、河南、山西、陕西南部、甘肃东南部、云南南部、四川、重庆、贵州、湖北中部、湖南、安徽北部、江西、江苏、上海、广东南部、香港、澳门、广西中东部、台湾。

繁殖 繁殖期 5—7 月。营巢于高大乔木树冠层的水平枝上，巢较隐蔽。巢呈浅杯状，主要以枯草、松针和其他植物茎、叶、细根构成，内垫柔软的细草茎，巢外壁还敷以苔藓将巢伪装。巢的直径为 12cm，高 4cm。1 年繁殖 2 窝。每窝产卵 2~4 枚，第 1 窝多为 4 枚，第二窝多为 2 枚。卵呈椭圆形，蓝色或绿色，被灰色和暗褐色斑点和斑纹，大小为（20.2~26.5mm）×（16.3~18.8mm）。雌、雄亲鸟轮流孵卵。雏鸟晚成性。

居留型 夏候鸟（S）。

保护与濒危等级 《中国生物多样性红色名录》无危（LC）;《IUCN 红色名录》无危（LC）。

保护区相关记录 首次记录为翁少平（2014）。张雁云（2017）也有记录。

105 小灰山椒鸟

Pericrocotus cantonensis Swinhoe, 1861

目 雀形目 PASSERIFORMES
科 山椒鸟科 Campephagidae

英文名 Swinhoe's Minivet

形态特征 小型鸟类，体长 18~20cm。雄鸟额和头前部白色，有的向后延伸至眼后，形成一短的眉纹，眼先黑色。头顶后部、枕、背暗灰色或灰黑色，腰至尾上覆羽沙褐色。两翼黑褐色，大覆羽具窄的白色羽缘。内侧初级飞羽中部至基部和次级飞羽基部具黄白色或灰白色翅斑，有的标本此斑不明显。中央尾羽黑褐色，次 1 对同色，具白色端斑，此白斑从第 2 对中央尾羽起向两侧逐渐扩大，到最外侧 1 对尾羽时几全为白色。眼下方、脸颊、耳下方和侧颈白色。下体颏、喉、腹亦为白色。胸和两胁亦为白色且缀有淡褐灰色，翼缘白色。雌鸟与雄鸟大致相似，但额和头前部白色且缀有褐灰色，或仅额部缀有白色；头顶暗褐灰色；背较雄鸟稍淡；余同雄鸟。虹膜暗褐色，嘴、脚、爪均为黑色。

栖息环境 主要栖息于低山丘陵和山脚平原地带的树林中，次生杂木林、阔叶林、混交林或针叶林均栖息。

生活习性 常成群活动在高大的乔木上，有时亦见在树丛间飞翔，边飞边叫，鸣声清脆。停留时常单独或成对栖息于大树顶层侧枝或枯枝上。飞翔呈波浪形前进。迁徙期间有时集成数十只的大群，但多呈松散的队形边飞边鸣叫或分散在树上活动和捕食，很少下到地面活动。主要以鞘翅目、鳞翅目、半翅目等昆虫为食。

地理分布 保护区记录于双坑口、上芳香等地。浙江省各地广布。国内分布于浙江、河南南部、陕西南部、甘肃东南部、云南、四川中部、重庆、贵州、湖北、湖南、安徽、江西、江苏、上海、福建、广东、香港、广西西南部、海南。

繁殖 繁殖期 4—7 月。早的 4 月中下旬即开始营巢。通常营巢于松树或其他高大乔木上，巢多置于高大树木侧枝上。巢呈碗状，主要由细的草茎、草叶、枯草、细根、纤维、松针等材料构成，巢外壁还敷有苔藓、地衣、蛛网等，距地高 15m，隐蔽性很好，周围多有茂密的枝叶掩盖。巢的大小为外径 6.5~7.0cm，内径 4.0~5.5cm，高 2.5~3.5cm，深 2~3cm。每窝产卵 3~4 枚，多为 4 枚。卵淡蓝灰色或淡绿色，被土黄色、紫色、褐色或红褐色斑点或斑纹，大小为 20.5mm × 16.0mm。

居留型 夏候鸟（S）。

保护与濒危等级 《中国生物多样性红色名录》无危（LC）;《IUCN 红色名录》无危（LC）。

保护区相关记录 首次记录为翁少平（2014）。张雁云（2017）也有记录。

106 灰山椒鸟

Pericrocotus divaricatus (Raffles, 1822)

目 雀形目 PASSERIFORMES
科 山椒鸟科 Campephagidae

英文名 Ashy Minivet

形态特征 小型鸟类，体长 18~20cm。雄鸟额和头顶前部白色。鼻羽、嘴基处额羽、眼先、头顶后部、枕、耳羽亮黑色，后颈、背、腰至尾上覆羽等整个上体石板灰色。翅内侧覆羽与背同色，最内侧次级飞羽外翈亦与背同色且具灰白色窄缘，其余飞羽黑褐色，在近羽基处贯以灰白色横斑，连成斜带，展翅时从下面看呈∧形，甚为显著。中央 2 对尾羽黑褐色，其余尾羽基部黑色，先端白色。下体自颏至尾下覆羽，包括颈侧及耳羽前部概为白色，胸侧和两胁略呈灰白色，翼下覆羽白色且杂以黑斑，腋羽黑色且具白色端斑。雌鸟上体几纯灰色，前额灰白色，鼻羽、嘴基处的 1 列额羽及眼先黑褐色，自头顶至背、肩，包括内侧翼上覆羽概灰色，两翅及尾部黑褐色较雄鸟淡且沾灰色，余同雄鸟。虹膜暗褐色，嘴、脚、爪均为黑色。

栖息环境 繁殖期主要栖息于茂密的落叶阔叶林和针阔叶混交林中，非繁殖期也出现在林缘次生林、河岸林，甚至庭院和村落附近的疏林、高大树上。

生活习性 常成群在树冠层上空飞翔，边飞边叫，鸣声清脆，似“gi-lili，gi-hi，gi-lili”。停留时常单独或成对栖息于大树顶层侧枝或枯枝上。飞翔呈波浪形前进。迁徙期间有时集成数十只的大群，但多呈松散的队形，边飞边鸣叫或分散在树上活动和捕食，常缓慢地向前飞行。有时亦在村落中少有的几棵孤立大树上停息。主要以鞘翅目、鳞翅目、半翅目等昆虫为食。

地理分布 早期科考资料有记载，但本次调查未见。浙江省内见于湖州、嘉兴、杭州、宁波、舟山、台州、衢州、温州、丽水。国内分布于浙江、黑龙江、吉林、辽宁、北京、河北、河南、山东、山西、内蒙古东北部、甘肃、云南、四川、贵州、湖北、湖南、江西、江苏、上海、福建、广东、香港、广西、台湾。

繁殖 繁殖期 5—7 月。通常营巢于落叶阔叶林和红松阔叶混交林中，巢多置于高大的树木侧枝上。巢呈碗状，主要由枯草、细枝、树皮、苔藓、地衣等材料构成，距地高 4~15m，巢隐蔽性很好，周围多有茂密的枝叶掩盖。巢的大小为外径 7~8cm，内径 6~7cm，高 4~6cm，深 2~4cm。每窝产卵 4~5 枚。卵灰白色或蓝灰色，被暗褐色或黄褐色斑点，大小为（15~16mm）×（20~21mm），重 2.5~3.5g。

居留型 旅鸟（P）。

保护与濒危等级 《中国生物多样性红色名录》无危（LC）；《IUCN 红色名录》无危（LC）。

保护区相关记录 首次记录为翁少平（2014）。张雁云（2017）也有记录。

107 灰喉山椒鸟

Pericrocotus solaris Blyth, 1846

目 雀形目 PASSERIFORMES
科 山椒鸟科 Campephagidae

英文名 Grey-chinned Minivet

形态特征 小型鸟类，体长 17~19cm。雄鸟上体从前额、头顶至上背、肩黑色或烟黑色，具蓝色光泽，下背、腰和尾上覆羽鲜红色或赤红色。尾黑色；中央尾羽仅外翈端缘赤红色或橙红色，有的中央尾羽全为黑色，次 1 对尾羽大都黑色，仅先端和外翈大部分为橙红色，其余尾羽由内向两侧红色范围逐渐扩大，黑色范围逐渐缩小，仅局限于羽基，到最外侧 1 对尾羽几全为橙红色。两翅黑褐色，翅上大覆羽具赤红色羽端，除第 1~3 枚初级飞羽外，其余飞羽近基部赤红色，内翈亦为赤红色，但稍淡，这些赤红色与大覆羽的赤红色共同形成赤红色翅斑。眼先黑色，颊、耳羽、头侧以及颈侧灰色或暗灰色。喉灰色、灰白色或沾黄色，其余下体鲜红色，尾下覆羽橙红色。雌鸟自额至背深灰色，下背橄榄绿色，腰和尾上覆羽橄榄黄色，两翅和尾与雄鸟同色，但红色被黄色取代；眼先灰黑色，颊、耳羽、头侧和颈侧灰色或浅灰色；颏、喉浅灰色或灰白色，胸、腹和两胁鲜黄色，翼缘和翼下覆羽深黄色。虹膜褐色，嘴、脚黑色。

栖息环境 主要栖息于低山丘陵地带的杂木林和山地森林中，尤以低山阔叶林、针阔叶混交林较常见，也出入于针叶林。

生活习性 常成小群活动，有时亦与赤红山椒鸟混杂在一起。性活泼，飞行姿势优美，常边飞边叫，叫声尖细，其音似“咻咻 – 咻”或“咻 – 咻”，声音单调，第一音节缓慢而长，随之为急促的短音或双音。喜欢在疏林和林缘地带的乔木上活动，觅食也多在树上，很少到地上活动。冬季也常到低山和山脚平原地带的次生林、小块树林甚至茶园间活动。主要以鳞翅目、鞘翅目、双翅目、膜翅目、半翅目等昆虫为食，偶尔吃少量植物果实与种子。

地理分布 保护区内记录较多，各地均可见。浙江省内见于杭州、绍兴、宁波、台州、金华、衢州、温州、丽水。国内分布于浙江、四川、重庆、贵州、湖北、湖南中部和南部、安徽、江西、福建、广东、香港、广西、海南、台湾。

繁殖 繁殖期 5—6 月。通常营巢于常绿阔叶林、栎林，巢多置于树侧枝上或枝杈间。巢呈浅杯状，较为精巧细致，主要以苔藓、枯草茎、草叶、松针、纤维等柔软物质构成，巢外壁还装饰苔藓、地衣，起到伪装作用。每窝产卵 3~4 枚。卵的颜色变化较大，天蓝色或淡绿色，被褐色、紫色、淡棕红色、褐灰色、紫灰色斑点或斑纹，尤以钝端较为密集，常形成环状，卵平均大小为 19.5mm × 15.3mm。

居留型 留鸟（R）。

保护与濒危等级 《中国生物多样性红色名录》无危（LC）；《IUCN 红色名录》无危（LC）。

保护区相关记录 首次记录为第一次综合科考（1984）。翁少平（2014）、张雁云（2017）也有记录。

108 黑卷尾 黑黎鸡、铁燕子、黑鱼尾燕、龙尾燕

Dicrurus macrocercus Vieillot, 1817

目 雀形目 PASSERIFORMES
科 卷尾科 Dicruridae

英文名 Black Drongo

形态特征 中型鸟类，体长 24~30cm。雄鸟全身羽毛呈辉黑色；前额、眼先羽绒黑色（在个别标本的嘴角处具一污白斑点，但不甚明显）。上体自头部、背部至腰部及尾上覆羽概深黑色，缀铜绿色金属闪光；尾羽深黑色，表面沾铜绿色光泽，中央 1 对尾羽最短，向外侧依次增长，最外侧末端向外上方卷曲，尾羽末端呈深叉状；翅黑褐色，飞羽外翈及翅上覆羽具铜绿色金属光泽。下体自颏、喉至尾下覆羽均呈黑褐色，仅在胸部铜绿色金属光泽较著；翅下覆羽及腋羽黑褐色。雌鸟体色似雄鸟，仅其羽表铜绿色金属光泽稍差。幼鸟体羽黑褐色，背、肩部羽端微具金属光泽；自上腰至尾上覆羽呈黑褐色，后者具污灰白色羽端，呈鳞状斑缘；尾羽黑褐色；翅角污灰白色。下体腹、胁和尾下覆羽黑褐色，均具污灰白色羽缘；个别标本尾下覆羽基部黑褐色，灰白色羽端长达 11mm。虹膜棕红色；嘴和脚暗黑色；爪暗角黑色。

栖息环境 栖息于城郊村庄附近和农村，尤喜在村民房屋前后高大的椿树上营巢。

生活习性 平时栖息在山麓或沿溪的树顶上，或田野间的电线杆上，一见有虫，往往由栖枝直降至地面捕食，随后又向高处直飞，呈 U 形飞行。它还常落在草场的家畜背上，啄食被家畜惊起的虫类。性喜结群、鸣叫、吵闹，是好斗的鸟类，习性凶猛，特别是在繁殖期，如红脚隼、乌鸦、喜鹊等鸟类侵入或临近它的巢时，则奋起冲击入侵者，直至将它们赶出巢区为止。在飞翔中能于空中捕食飞行昆虫，类似家燕敏捷地在空中滑翔翻腾，在南方俗称“黑鱼尾燕”。食物以昆虫为主，如膜翅目、鞘翅目及鳞翅目的昆虫。

地理分布 保护区记录于榅垟。浙江省各地广布。除新疆、台湾外，分布于国内各省份。

繁殖 繁殖在 6—7 月。巢常置于榆、柳等树顶、细枝梢端的分叉处。巢呈碗状，外径约 130mm，内径约 90mm，高约 70mm，深约 35mm。巢由高粱秆、草穗、枯草细纤维、细麻纤维、棉花纤维等交织加固而成。每窝产 3~4 枚卵。卵乳白色，上布褐色细斑点，钝端有红褐色粗点斑，平均大小为 24mm × 19mm。孵化期 15~17 天，由雌、雄亲鸟轮流承担。雏鸟晚成性，刚孵出时雏鸟全身裸露，仅背部和头顶着生少许绒羽，由雌、雄亲鸟共同育雏，留巢期 20~24 天。

居留型 夏候鸟（S）。

保护与濒危等级 《中国生物多样性红色名录》无危（LC）；《IUCN 红色名录》无危（LC）。

保护区相关记录 首次记录为翁少平（2014）。张雁云（2017）也有记录。

109 灰卷尾 灰黎鸡、白颊卷尾、灰龙尾燕

Dicrurus leucophaeus Vieillot, 1817

目 雀形目 PASSERIFORMES
科 卷尾科 Dicruridae

英文名 Ashy Drongo

形态特征 中型鸟类，体长 25~32cm。雄鸟全身羽色呈法兰绒浅灰色；鼻须及前额基部绒黑色；眼先、眼周、脸颊及耳羽区连成界限清晰的纯白块斑，并稍向后上方延伸到上颈侧部；上体自头顶、背部、腰部至尾上覆羽均呈法兰绒浅灰色；尾羽淡灰色，并具隐约不显的浅灰褐色横斑端稍向外卷曲，外翈狭窄，稍缀褐灰色；双翅表面浅灰色，飞羽轴灰褐色，初级飞羽端尖灰褐色；翅下覆羽及腋羽淡灰白色。下体颏部灰褐色；喉、胸部淡灰色；腹部转为浅淡灰色；下腹至尾下覆羽近灰白色。雌鸟体形较雄鸟为小，羽色近似雄鸟但稍暗淡。虹膜橙红色；嘴与跗跖、爪均黑色。

栖息环境 栖息于平原丘陵地带、村庄附近、河谷或山区，也栖息于高大杨树顶端枝上。

生活习性 常成对活动，立于林间空地的裸露树枝或藤条，捕食过往昆虫、攀高捕捉飞蛾或俯冲捕捉飞行中的猎物。飞行时结小群或成对，翻腾于空中追捕空中飞行的昆虫，飞行时而展翅升空，时而闭合双翅，呈波浪式滑翔。鸣声“huur-uur-cheluu”或“wee-peet, wee-peet”，清晰嘹亮，另有“咪咪”叫声及模仿其他鸟的叫声，有时鸣声粗厉而嘈杂。食物以昆虫为主，其中有鞘翅目、膜翅类目、鳞翅目的蛹、幼虫和成虫，大多是有害昆虫。特别在育雏期间，能大量消灭危害甚大的蛹、蛾、幼虫等，对自然界中生物防治有重要作用。偶尔也食植物果实与种子。

地理分布 早期科考资料有记载，但本次调查未见。浙江省各地广布。国内分布于浙江、北京、河北、河南、山西、陕西、甘肃南部、云南东北部、四川、重庆、贵州、湖北、安徽、江西、江苏、上海、福建、广东东北部、台湾。

繁殖 繁殖期 5—7 月。巢构造细致而精巧，呈浅杯状；内层是以细枯草、根须、杂草花穗、植物细纤维等编织而成，中间杂以枯干碎叶片；外层由细小树枝、叶柄、树皮碎片组成；巢缘及巢外覆以伪装与加固物质，如地衣碎片、苔藓、蜘蛛网丝、动物绒毛纤维等。每窝产卵 3~4 枚。卵颜色多异，呈乳白色、橙粉色或粉红色，具有灰色、暗棕褐色、褐红色、棕黄色点斑或大小不规则的斑块，一般在卵的钝端斑点较密集，大小为（24.0~26.5mm）×（17.5~19.0mm）。

居留型 夏候鸟（S）。

保护与濒危等级 《中国生物多样性红色名录》无危（LC）；《IUCN 红色名录》无危（LC）。

保护区相关记录 首次记录为张雁云（2017）。

110 发冠卷尾 卷尾燕、山黎鸡、大鱼尾燕

Dicrurus hottentottus (Linnaeus, 1766)

目 雀形目 PASSERIFORMES
科 卷尾科 Dicruridae

英文名 Hair-crested Drongo

形态特征 中型鸟类，体长 28~35cm。雄鸟全身羽绒黑色，缀蓝绿色金属光泽；前额、眼先和眼后具绒黑色毛状羽；耳羽绒黑色；前额顶基部中央着生 10 多条丝发状冠羽，其基部约 1/3 处发羽具细小丝状分支，繁殖期丝发状冠羽最长者可达 112mm，并向后颈延伸到上背部；头顶前部两侧羽稍延长；颈侧部羽呈披针状，具蓝紫色金属光泽；枕、后颈、背、肩和腰纯黑色，稍沾金属光泽；尾上覆羽和尾羽纯黑色，尾羽具铜绿色光泽；尾呈叉状，最外侧 1 对末端稍向外曲并向内上方卷曲；翅飞羽及翅上覆羽纯黑色，具铜绿色光泽。下体纯黑色；颏部羽呈绒毛状；喉部具紫蓝色金属光泽的滴状斑；腹及尾下覆羽微具光泽。雌鸟体羽似雄鸟，但铜绿色金属光泽不如雄鸟鲜艳；额顶基部的发状羽冠亦较雄鸟短小。虹膜暗红褐色，嘴和跗跖黑色，爪角黑色。

栖息环境 栖息于海拔 1500m 以下的低山丘陵和山脚沟谷地带，多在常绿阔叶林、次生林或人工松林中活动，有时也出现在林缘疏林、村落、农田附近的小块树林与树上。

生活习性 单独或成对活动，很少成群。主要在树冠层活动和觅食，树栖性。飞行较其他卷尾快而有力，飞行姿势亦较优雅，常常是先向上飞，在空中短暂停留后才快速降落到树上，如发现空中飞行的昆虫，立刻飞去捕食，还常见到成对相互追逐。鸣声单调、尖厉

而多变。主要以金龟甲、蝗虫、竹节虫、蟒象、瓢虫、蚂蚁、蜂、蜻蜓、蝉等各种昆虫为食，偶尔吃少量果实、种子、叶、芽等植物性食物。

地理分布 保护区记录于道均垟、何园、洋溪等地。浙江省各地广布。国内分布于浙江、黑龙江、北京、天津、河北、山东、河南、山西、陕西、内蒙古、宁夏、甘肃、西藏东南部、青海东北部、云南、四川、重庆、贵州、湖北、湖南、安徽、江西、江苏、上海、福建、广东、香港、澳门、广西、海南、台湾。

繁殖 繁殖期 5—7 月。迁到繁殖地时多数已成对，到达后不久即开始占区和出现雌、雄间的追逐行为。通常营巢于高大乔木顶端枝杈上，距地高 3~10m。巢呈浅杯状或盘状，主要由枯草茎、枯草叶、树叶、细枝、松针、兽毛等构成，多数无任何内垫。巢的大小为外径（14~16cm）×（16~18cm），内径（9~10cm）×（10~12cm），深 5.0~6.5cm，高 7~10cm。每窝产卵 3~4 枚，偶尔多至 5 枚。1 年繁殖 1 窝，1 天产卵 1 枚。卵长卵圆形或尖卵圆形，纯白色、乳白色或淡粉白色，被橙色、赭红色、淡紫灰色、灰褐色等斑点，大小为（25.0~34.5mm）×（19.8~23.0mm），重 6~8g。卵产齐后即开始孵卵，由雌、雄亲鸟轮流承担，孵化期 15~17 天。雏鸟晚成性，由雌、雄亲鸟共同育雏，育雏期 20~24 天。

居留型 夏候鸟（S）。

保护与濒危等级 《中国生物多样性红色名录》无危（LC）;《IUCN 红色名录》无危（LC）。

保护区相关记录 首次记录为第一次综合科考（1984）。翁少平（2014）、张雁云（2017）也有记录。

111 虎纹伯劳 虎伯劳

Lanius tigrinus Drapiez, 1828

目 雀形目 PASSERIFORMES
科 伯劳科 Laniidae

英文名 Tiger Shrike

形态特征 小型鸟类，体长 16~19cm。雄鸟头顶至上背蓝灰色；自前额基部、眼先向后，经头侧过眼达于耳区，有宽阔的黑色贯眼纹；肩、背至尾上覆羽以及内侧翅覆羽为栗褐色，各羽具数条黑色鳞状斑，使整体显现密集的黑色横斑；尾羽棕褐色，各羽具有宽约 1.5mm 的暗褐色隐横纹，横纹之间的间隔 1.5~2cm，外侧尾羽具浅淡色端；飞羽暗褐色，各羽外缘染以棕红色，内侧飞羽更为显著，最内侧数枚飞羽内外均染棕红色，并有类似尾羽的暗褐色隐横纹。下体几全部为纯白色，仅胁部显有暗灰色泽及稀疏、零散的不清晰鳞斑；覆腿羽白色沾淡棕色，具黑褐色横斑；腋羽白色。雌鸟额基黑色斑较小；眼先和眉纹暗灰白色；胸侧及两胁白色，杂有黑褐色横斑；余部与雄鸟相似，但羽色不及雄鸟鲜亮。幼鸟头顶与背羽均为栗褐色，满布黑褐色横斑，贯眼纹褐色或不显著；下体的胸、胁部满布黑褐色鳞斑。虹膜褐色；嘴黑色；跗跖、趾和爪黑褐色。

栖息环境 主要栖息于低山丘陵和山脚平原地区的森林、林缘地带，尤以开阔的次生阔叶林、灌木林和林缘灌丛地带较常见。

生活习性 多单独或成对活动，常站在路边小树或灌木顶端，有时亦站在电线杆上或电

线上，等食物出现时才突然飞去捕猎。性凶猛，叫声粗犷响亮，其声似“zcha-zcha- zcha-zcha”，鸣叫时常仰首翘尾。飞行时两翅鼓动甚快，多呈波浪式飞行，停落后常四处张望，尾不停地上下或左右摆动。主要以昆虫为食，还会袭击蜥蜴、小鸟和鼠类等小型脊椎动物，也取食少量植物。

地理分布 早期科考资料有记载，但本次调查未见。浙江省内见于湖州、杭州、绍兴、宁波、舟山、台州、金华、衢州、温州、丽水。除新疆、青海、海南外，分布于国内各省份。

繁殖 繁殖期5—7月。营巢由雌、雄鸟共同承担，通常置巢于小树或灌木上，距地高0.8~5.0m，就地取材，巢的外壁较粗糙，内壁较精细，主要由枯草茎、枯草叶、细枝和树皮纤维构成，内垫苔藓或兽毛。巢呈杯状，大小为外径11~18cm, 内径7~9cm, 高4~10cm, 深4~7cm。每窝产卵4~7枚，以4枚较普遍。卵淡青色至淡粉红色，上具淡灰蓝及暗褐色斑点，在钝端较集中，大小为（21~25mm）×（16~18mm），重3~4g。卵产齐后即开始孵卵，由雌鸟承担，雄鸟担任警戒并常觅食饲喂雌鸟，孵化期13~15天。雌、雄亲鸟共同育雏，育雏期13~15天。

居留型 夏候鸟（S）。

保护与濒危等级 浙江省重点保护野生动物;《中国生物多样性红色名录》无危（LC）;《IUCN红色名录》无危（LC）。

保护区相关记录 首次记录为翁少平（2014）。

112 牛头伯劳 花伯劳

Lanius bucephalus Temminck & Schlegel, 1845

目 雀形目 PASSERIFORMES
科 伯劳科 Laniidae

英文名 Bull-headed Shrike

形态特征 小型鸟类，体长 19~23cm。雄鸟额、头顶至后颈栗红色或栗色，背、肩、腰和尾上覆羽灰色或褐灰色且微沾棕色；中央 1 对尾羽灰黑色，其余尾羽灰色或褐浅灰色且具棕白色端斑；两翅大都黑褐色，翅上覆羽暗褐色，小覆羽具灰褐色羽缘，其余覆羽羽缘褐灰色，飞羽暗褐色，外侧飞羽基部白色，形成明显的白色翅端，内侧飞羽具浅棕色或皮黄色羽缘；眼先、眼周、额基和耳羽黑色，彼此连成 1 条黑色贯眼纹，贯眼纹上还有 1 条污白色眉纹。颏、喉白色或棕白色，喉以下等其余下体还渐变为浅棕色、深棕色并具细的黑褐色波状横斑，有的整个下体均为棕白色，仅喉侧、胸侧和两胁棕黄色并具黑褐色波状横斑。雌鸟与雄鸟大致相似，但眼先、眼周、颊、耳羽等头侧不为黑色，而为栗棕色，与头顶颜色一致，上体较褐色，呈棕褐色或灰褐色沾棕色，飞羽基部无白色，因而无白色翅斑或白色翅斑不明显；下体横斑细密而多。虹膜暗褐色；嘴黑色，基部灰褐色，下嘴较淡，或嘴全黑色；脚黑褐色。

栖息环境 栖息于低山丘陵、山脚平原地区的森林和林缘地带，尤以开阔的次生阔叶林、灌木林和林缘灌丛地带较常见。

生活习性 单独或成对活动。性活跃，常在林缘或路边灌丛中跳上跳下，有时站在小树

或灌木枝头点头摆尾地高声鸣叫，有时静静地站在电线或电线杆上注视着四周，发现猎物立刻飞往捕猎，然后又返回原处。主要以昆虫为食，如甲虫、蟋蟀等，也吃蜘蛛、小鸟等其他动物。

地理分布 保护区内记录于长蛇岗、洋溪等地。浙江省内见于湖州、杭州、绍兴、宁波、舟山、台州、金华、衢州、温州、丽水。国内分布于浙江、黑龙江、吉林东部、辽宁、北京、天津、河北、山东、河南、山西、陕西、宁夏、四川、重庆、贵州、湖北、湖南、安徽、江西、江苏、上海、福建、广东、香港、澳门、广西、海南、台湾。

繁殖 繁殖期 5—7 月。多营巢于林缘疏林和次生林中，置巢于幼树或灌木侧枝上，距地高 0.8~1.5m。巢呈杯状，大小为外径 12cm，内径 7~8cm，深 5~6cm，高 9~10cm。每窝产卵 4~7 枚，以 4 枚较普遍。卵为卵圆形，淡青色至淡粉红色，上具淡灰蓝及暗褐色斑点，在钝端较集中，大小为(22.0~24.0mm)×(17.5~18.9mm)，重 3.8~4.2g。卵产齐后开始孵卵，由雌鸟担任，雄鸟负责警戒并觅食饲喂雌鸟，孵化期 13~15 天。雌、雄鸟共同育雏，留巢期 13~15 天。

居留型 冬候鸟（W）。

保护与濒危等级 浙江省重点保护野生动物；《中国生物多样性红色名录》无危（LC）；《IUCN 红色名录》无危（LC）。

保护区相关记录 首次记录为翁少平（2014）。张雁云（2017）也有记录。

113 红尾伯劳 褐伯劳、土虎伯劳、花虎伯劳

Lanius cristatus Linnaeus, 1758

目 雀形目 PASSERIFORMES
科 伯劳科 Laniidae

英文名 Brown Shrike

形态特征 小型鸟类，体长18~21cm。雄鸟额、头顶淡灰色，头顶后部褐灰色；眼先、眼下、耳羽黑色，形成1道宽阔的黑色纵纹，眉纹白色且较细。上背、肩及两翅内侧覆羽灰褐色，至下背、腰和尾上覆羽渐转棕褐色，尾上覆羽棕色较浓；尾羽大都暗棕褐色，隐约见暗褐色横斑。两翅大都黑褐色，大覆羽、内侧飞羽均有棕白色的羽缘。颏和喉纯白色，胸、腹、两胁和尾下覆羽棕白色，下腹中央近白色。雌鸟似雄鸟，但棕色较淡，贯眼纹黑褐色。虹膜褐色；嘴、跗跖均黑色。

栖息环境 主要栖息于低山丘陵和山脚平原地带的灌丛、疏林、林缘地带，尤其在有稀矮树木和灌丛生长的开阔旷野、河谷、湖畔、路旁、田边灌丛中较常见。

生活习性 单独或成对活动。性活泼，常在枝头跳跃或飞上飞下。有时亦高高地站立在小树顶端或电线上静静地注视着四周，待有猎物出现时才突然飞去捕猎，再飞回原来栖木上栖息。繁殖期则常站在小树顶端仰首翘尾地高声鸣唱，鸣声粗犷、响亮、激昂有力，有时边鸣唱边突然飞向树顶上空，快速地扇动翅膀原地飞翔一阵后又落入枝头继续鸣唱，见到人后立刻往下飞入茂密的枝叶丛中或灌丛中。主要以直翅目蝗科、螽斯科，鞘翅目步甲科、叩甲科、金龟甲科、瓢虫科，半翅目蝽科，鳞翅目等昆虫为食，偶尔吃少量草籽。

地理分布 保护区内记录于新增。浙江省内各地广布。国内分布于浙江、吉林东部、辽宁、北京、天津、河北、山东、河南、山西、陕西、内蒙古、甘肃、云南、四川、贵州、湖北、湖南、安徽、江西、江苏、上海、福建、广东、香港、广西、海南、台湾。

繁殖 繁殖期 5—7 月。领域性较强，驱赶侵入的外来鸟类。通常营巢于低山丘陵小块次生林、落叶松林、杂木林和林缘灌丛中。巢多置于落叶松、山丁子、刺槐等幼树和灌木上，距地高 0.6~7.0m，随环境而变化。巢呈杯状，巢材以莎草、薹草、蒿草等枯草茎叶为主，偶尔混杂细的小树枝，内垫细草茎、植物纤维和羽毛等。巢的大小为外径（12~14cm）×（15~16cm），内径（7~8cm）×（8~9cm），高 7.5~10.0cm，深 4.0~5.6cm。巢筑好后第二天开始产卵，1 年繁殖 1 窝，每窝产卵 5~7 枚，偶尔有多至 8 枚的，每天产卵 1 枚。卵为椭圆形，乳白色或灰色，密被大小不一的黄褐色斑点，大小为（15.0~19.0mm）×（21.1~24.5mm），重 3.1~3.5g。卵产齐后即开始孵卵，由雌鸟承担，雄鸟负责警戒和觅食饲喂雏鸟，孵化期 14~16 天。雏鸟晚成性，雌、雄亲鸟共同育雏，留巢期 14~18 天。

居留型 夏候鸟（S）。

保护与濒危等级 浙江省重点保护野生动物；《中国生物多样性红色名录》无危（LC）；《IUCN 红色名录》无危（LC）。

保护区相关记录 首次记录为第一次综合科考（1984）。翁少平（2014）、张雁云（2017）也有记录。

114 棕背伯劳 大红背伯劳

Lanius schach Linnaeus, 1758

目 雀形目 PASSERIFORMES
科 伯劳科 Laniidae

英文名 Long-tailed Shrike

形态特征 中型鸟类，体长 23~28cm。前额黑色，眼先、眼周和耳羽黑色，形成 1 条宽阔的黑色贯眼纹，头顶至上背灰色（西南亚种黑色）。下背、肩、腰和尾上覆羽棕色，翅上覆羽黑色，大覆羽具窄的棕色羽缘。飞羽黑色，内侧飞羽外翈羽缘棕色，初级飞羽基部白色或棕白色，形成白色翅斑并明显露出于翅覆羽外。尾羽黑色，外侧尾羽外翈具棕色羽缘和端斑。颏、喉和腹中部白色，其余下体淡棕色或棕白色，两胁和尾下覆羽棕红色或浅棕色。虹膜暗褐色，嘴、脚黑色。

栖息环境 主要栖息于低山丘陵和山脚平原地区，夏季可上到海拔 2000m 左右的中山次生阔叶林和混交林的林缘地带，有时也到园林、农田、村庄河流附近活动。

生活习性 除繁殖期成对活动外，多单独活动。常见在林旁、农田、果园、河谷、路旁、林缘地带的乔木上与灌丛中活动，有时也见在田间和路边的电线上东张西望，一旦发现猎物，立刻飞去追捕，然后返回原处吞吃。性凶猛，不仅善于捕食昆虫，而且能捕杀小鸟、蛙和啮齿类。领域性甚强，特别是在繁殖期。繁殖期常站在树顶端枝头高声鸣叫，其声似“zhigia–zhigia–zhigia–zhiga”不断重复的哨音，并能模仿红嘴相思鸟、黄鹂等其他鸟类的鸣叫声，鸣声悠扬、婉转悦耳。主要以鞘翅目金龟甲，半翅目蝽象，直翅目蝗虫、蟋蟀，革

翅目鳢螋，蜻蜓目豆娘，膜翅目胡蜂、蚂蚁等昆虫为食，也捕食小鸟、青蛙、蜥蜴和鼠类，偶尔吃少量植物种子。

地理分布 保护区内记录于小燕、杨梅坪、长蛇岗、道均垟。浙江省各地广布。国内分布于浙江、北京、天津、河北、河南南部、山东、陕西南部、甘肃南部、新疆、云南、四川、重庆、贵州、湖北、湖南、安徽、江西、江苏、上海、福建、广东、香港、澳门、广西。

繁殖 繁殖期4—7月。4月中下旬开始成对和营巢，通常就地取材，置巢于树上或高的灌木上，距地高1~8m。巢呈碗状或杯状，主要由细枝、枯草茎、枯草叶、树叶、竹叶以及其他植物纤维构成，内垫棕丝和细软的草茎、须根。巢的大小为外径15~16cm，内径6~10cm，高10~11cm，深4~6cm。每窝产卵3~6枚，通常4~5枚。卵的颜色变化较大，有淡青色、乳白色、粉红色或淡绿灰色，被大小不一的褐色或红褐色斑点，大小为（22.4~23.7mm）×（27.2~30.5mm），重6.5~8.1g。雌鸟孵卵，孵化期12~14天，雄鸟承担警戒和觅食喂雌鸟任务。雏鸟晚成性，雌、雄亲鸟共同育雏，留巢期13~14天。

居留型 留鸟（R）。

保护与濒危等级 浙江省重点保护野生动物；《中国生物多样性红色名录》无危（LC）；《IUCN红色名录》无危（LC）。

保护区相关记录 首次记录为翁少平（2014）。张雁云（2017）也有记录。

115 松鸦 山和尚

Garrulus glandarius (Linnaeus, 1758)

目 雀形目 PASSERIFORMES
科 鸦科 Corvidae

英文名 Eurasian Jay

形态特征 中型鸟类，体长 28~35cm。前额、头顶、枕、头侧、后颈、颈侧红褐色或棕褐色，头顶至后颈具黑色纵纹，前额基部和覆嘴羽尖端黑色。背、肩、腰灰色沾棕色，尤以上背和肩较棕褐色或红褐色。尾上覆羽白色；尾黑色且微具蓝色光泽；最外侧 1 对尾羽和尾羽基部羽色较浅淡，呈浅褐色。小覆羽栗色；中覆羽基部深褐色，先端栗色且具黑褐色纵纹；大覆羽、初级覆羽和次级飞羽外翈基部具黑、白、蓝三色相间横斑，极为醒目；次级飞羽余部黑色，外翈靠基部一半白色，形成明显的白色翅斑；初级飞羽黑褐色，外翈灰白色；内侧三级飞羽内翈暗栗色，端部绒黑色。下嘴基部有一卵圆形黑斑，向后延伸至颈侧。颏、喉灰白色，胸、腹、两胁葡萄红色或淡棕褐色，肛周和尾下覆羽灰白色至白色。虹膜灰色或淡褐色；嘴黑色；跗跖肉色，爪黑褐色。

栖息环境 栖息在针叶林、针阔叶混交林、阔叶林等森林中，有时也到林缘疏林和天然次生林内，很少见于平原耕地。冬季偶尔到林区居民点附近的耕地或路边树林活动觅食。

生活习性 除繁殖期成对活动外，多集成 3~5 只的小群四处游荡，栖息在树顶上，躲藏在树叶丛中，不时在树枝间跳来跳去或从一棵树飞向另一棵树，间或发出粗犷而单调的叫

声，叫声似“gar-gar-ar”。当有人或到村庄附近时一般不鸣叫。食性较杂，繁殖期主要以金龟甲、天牛、尺蠖、松毛虫、象甲等昆虫为食，也吃蜘蛛、鸟卵、雏鸟等其他动物。

地理分布 保护区记录于双坑口、上芳香、洋溪等地。浙江省内见于杭州、绍兴、宁波、台州、金华、衢州、温州、丽水。国内分布于浙江、河南、陕西、宁夏、甘肃、云南北部、四川、重庆、贵州、湖北、湖南、安徽、江西、江苏、福建、广东、广西。

繁殖 繁殖期4—7月。多营巢于山地溪流和河岸附近的针叶林、针阔叶混交林中，也在茂密的阔叶林中营巢。巢置于高大乔木顶端较为隐蔽的枝杈处，距地高5~10m。巢呈杯状，主要由枯枝、枯草、细根和苔藓等材料构成，内垫细草根和羽毛，大小为外径19~27cm，内径12~15cm，高8~17cm，深4~8cm。1年繁殖1窝，每窝产卵3~10枚，通常5~8枚。卵灰蓝色、绿色或灰黄色，被紫褐色、灰褐色或黄褐色斑点，尤以钝端较密，大小为（28.5~33.0mm）×（22.0~24.5mm）。孵卵由雌鸟承担，孵化期17天左右。雏鸟晚成性，由雌、雄亲鸟共同育雏，留巢期19~20天。

居留型 留鸟（R）。

保护与濒危等级 《中国生物多样性红色名录》无危（LC）；《IUCN红色名录》无危（LC）。

保护区相关记录 首次记录为第一次综合科考（1984）。翁少平（2014）、张雁云（2017）也有记录。

116 红嘴蓝鹊 赤尾山鸦、长尾山鹊

Urocissa erythroryncha (Boddaert, 1783)

目 雀形目 PASSERIFORMES
科 鸦科 Corvidae

英文名 Red-billed Blue Magpie

形态特征 大型鸦类，体长54~65cm。雌、雄羽色相似。前额、头顶至后颈、头侧、颈侧、颏、喉和上胸全为黑色；顶至后颈各羽具白色、蓝白色或紫灰色羽端，且从头顶往后此端斑越来越扩大，形成1个从头顶至后颈，有时甚至到上背中央的大形块斑。背、肩、腰紫蓝灰色或灰蓝色沾褐色；尾上覆羽淡紫蓝色或淡蓝灰色，且具黑色端斑和白色次端斑。尾长，呈突出状。中央尾羽蓝灰色，具白色端斑；其余尾羽紫蓝色或蓝灰色，具白色端斑和黑色次端斑。两翅黑褐色；初级飞羽外翈基部紫蓝色，末端白色；次级飞羽内、外翈均具白色端斑，外翈羽缘紫蓝色。喉、胸黑色，其余下体白色，有时沾蓝色或黄色。虹膜橘红色，嘴和脚红色。

栖息环境 主要栖息于山区常绿阔叶林、针叶林、针阔叶混交林和次生林等各种不同类型的森林中，也见于竹林、林缘疏林和村旁树上。

生活习性 喜群栖，经常成对，或成3~5只或10余只的小群活动。性活泼，常在枝间跳上跳下或在树间飞来飞去，飞翔时多呈滑翔姿势，从山上滑到山下，从树上滑到树下，或从一棵树滑向另一棵树，纵跳前进。滑翔时两翅平伸，尾羽展开，有时在一阵滑翔之后又伴随着鼓翼飞翔，特别是在受惊时常吃力地鼓动着两翼向山上逃窜。叫声尖锐，似“zha-

zha-” 声。食性较杂；动物性食物常见叩甲、金龟甲、蝗虫、苍蝇、螽斯、蟋蟀、鳞翅目幼虫和其他昆虫，也吃蜘蛛、蜗牛、蠕虫、蛙、蜥蜴、雏鸟及鸟卵等其他小型动物；植物性食物主要为各种乔木和灌木的果实、种子，偶尔吃小麦、玉米等农作物。有时还会凶悍地侵入其他鸟类的巢内，蚕食幼雏和鸟卵。繁殖期护巢性极强，性情十分凶悍，人若接近其巢区，则啼叫、飞舞不止，甚至进行攻击。

地理分布 保护区内常见，各地均有分布。浙江省内各地广布。国内分布于浙江、河南、陕西、宁夏、云南、四川、重庆、贵州、湖北、湖南、安徽、江西、江苏、上海、福建、广东、香港、澳门、广西、海南。

繁殖 繁殖期 5—7 月。营巢于树木侧枝上，也在高大的竹上筑巢。巢呈碗状，主要由枯枝、枯草、须根、苔藓等材料构成，距地高 2~8m。巢的大小为外径 17~24cm，内径 10~17cm，高 8~14cm，深 4~7cm，通常外层为粗的枯草、藤条、细树根等材料，内垫以细草茎和须根。每窝产卵 3~6 枚，多为 4~5 枚。卵为卵圆形，土黄色、淡褐色或绿褐色，被紫色、红褐色或深褐色斑，大小为（31~36mm）×（23~24mm），重 7~8g。雌、雄亲鸟轮流孵卵。雏鸟晚成性。

居留型 留鸟（R）。

保护与濒危等级 《中国生物多样性红色名录》无危（LC）;《IUCN 红色名录》无危（LC）。

保护区相关记录 首次记录为第一次综合科考（1984）。翁少平（2014）、张雁云（2017）也有记录。

117 灰树鹊

Dendrocitta formosae Swinhoe, 1863

目 雀形目 PASSERIFORMES
科 鸦科 Corvidae

英文名 Grey Treepie

形态特征 中型鸟类，体长 31~39cm。额、眼先、眼上黑色，头的两侧暗烟褐色，头顶至后颈灰色。背、肩棕褐色或灰褐色，腰及尾上覆羽灰色或灰白色沾褐色。翅和翅上覆羽黑色，除第 1~2 枚初级飞羽外，所有初级飞羽基部均有一白色斑，在翅上形成明显的白色翅斑，飞翔时更为明显。尾羽黑色，或中央 1 对尾羽暗灰色，端部黑色，外侧尾羽黑色，其最基部亦为灰色。下体颏、喉暗烟褐色，颈侧和胸较淡，两胁和腹灰色或灰白色；尾下覆羽栗色，覆腿羽褐色。虹膜红色或红褐色，嘴、脚黑色。

栖息环境 主要栖息于山地阔叶林、针阔叶混交林和次生林，也见于林缘疏林和灌丛。

生活习性 常成对或成小群活动。树栖性，多栖息于高大乔木顶枝上，喜不停地在树枝间跳跃，或从一棵树飞到另一棵树。喜鸣叫，叫声尖厉而喧嚣。主要以浆果、坚果、种子

为食，也吃昆虫等动物性食物。

地理分布 保护区内常见，各地均有分布。浙江省内见于湖州、杭州、绍兴、宁波、台州、金华、衢州、温州、丽水。国内分布于浙江、云南东部、四川、贵州、湖南、安徽、江西、江苏、福建、广东、香港、澳门、广西。

繁殖 繁殖期 4—6 月。主要营巢于山脚平原至海拔 1000m 以上的山地森林的树上和灌木上。巢由枯枝和枯草构成。每窝产卵 3~5 枚。卵乳白色或淡红色，偶尔也有淡绿白色，被灰褐色或红褐色斑点，尤以钝端较密，常常在钝端形成圈状或帽状。雌、雄亲鸟轮流孵卵。雏鸟晚成性。

居留型 留鸟（R）。

保护与濒危等级 《中国生物多样性红色名录》无危（LC）;《IUCN 红色名录》无危（LC）。

保护区相关记录 首次记录为第一次综合科考（1984）。翁少平（2014）、张雁云（2017）也有记录。

118 喜鹊 普通喜鹊、鹊、飞驳鸟

Pica pica (Linnaeus, 1758)

目 雀形目 PASSERIFORMES
科 鸦科 Corvidae

英文名 Black-billed Magpie

形态特征 中型鸟类，体长 38~48cm。雄鸟头、颈、背和尾上覆羽辉黑色，头后部及后颈稍沾紫色，背部稍沾蓝绿色；肩羽纯白色；腰灰色与白色相杂状。翅黑色；初级飞羽内翈具大形白斑，外翈及羽端黑色沾蓝绿光泽；次级飞羽黑色且具深蓝色光泽。尾羽黑色，具深绿色光泽，末端具紫红色和深蓝绿色宽带。颏、喉和胸黑色，喉部羽有时具白色轴纹；上腹和胁纯白色；下腹和覆腿羽污黑色；腋羽和翅下覆羽淡白色。雌鸟与雄鸟体色基本相似，但光泽不如雄鸟显著，下体黑色，有的呈乌黑色或乌褐色，白色部分有时沾灰色。幼鸟形态似雌鸟，但体黑色部分呈褐色或黑褐色，白色部分为污白色。虹膜暗褐色；嘴、跗跖和趾均黑色。

栖息环境 栖息于平原、丘陵和低山地区，无论是荒野、农田、郊区、城市、公园都能看到它们的身影。人类活动越多的地方，喜鹊种群的数量往往也越多，而在人迹罕至的密林中则难见该物种的身影。

生活习性 除繁殖期成对活动外，常成 3~5 只的小群活动，秋冬季节常集成数十只的大群。白天常到农田等开阔地区觅食，傍晚飞至附近高大的树上休息，有时亦见与乌鸦、寒鸦混群活动。性机警，觅食时多是轮流分工守候和觅食，如发现危险，守望的鸟发出惊叫声，同觅食鸟一同飞走。飞翔能力较强，且持久，飞行时整个身体和尾成一直线，尾巴稍

微张开，两翅缓慢地鼓动着，雌、雄鸟常保持一定距离，在地上活动时则以跳跃式前进。鸣声单调、响亮，似“zha- zha-zha”声，常边飞边鸣叫。当成群时，叫声甚为嘈杂。食性较杂，夏季主要以昆虫等动物性食物为食，其他季节则主要以植物果实和种子为食。

地理分布 保护区记录于何园、三插溪等地。浙江省各地广布。除新疆、西藏外，分布于国内各省份。

繁殖 繁殖期3—5月。通常营巢在松树、杨树、柞树、榆树、柳树、胡桃树等高大乔木上，有时也在村庄附近和公路旁的大树上营巢，有时甚至在高压电线杆上营巢。巢主要由枯树枝构成，远看似一堆乱枝，实则较精巧，近似球形，有顶盖，外层为枯树枝，间杂有杂草和泥土，内层为细的枝条和泥土，内垫麻、纤维、草根、苔藓、兽毛和羽毛等柔软物质。巢的大小为外径48~85cm，内径18~35cm，高44~60cm，出入口形状为椭圆形，开在侧面稍下方。营巢时间20~30天，巢筑好后即开始产卵，每窝产卵5~8枚，有时多至11枚。卵圆形或长卵圆形，浅蓝绿色、蓝色、灰色或灰白色，被褐色或黑色斑点，大小为（23~26mm）×（32~38mm），重9~13g。卵产齐后即开始孵卵，雌鸟孵卵，孵化期16~18天。雏鸟晚成性，雌、雄亲鸟共同育雏，30天左右幼鸟即可离巢。

居留型 留鸟（R）。

保护与濒危等级 《中国生物多样性红色名录》无危（LC）;《IUCN红色名录》无危（LC）。

保护区相关记录 首次记录为第一次综合科考（1984）。翁少平（2014）、张雁云（2017）也有记录。

119 大嘴乌鸦 巨嘴鸦、老鸦、老鸹

Corvus macrorhynchos Wagler, 1827

目 雀形目 PASSERIFORMES
科 鸦科 Corvidae

英文名 Large-billed Crow

形态特征 大型鸦类，体长 45~54cm，是雀形目中体形最大的物种之一。雌、雄相似。全身羽毛黑色，除头顶、枕、后颈和颈侧光泽较弱外，其他包括背、肩、腰、翼上覆羽和内侧飞羽的上体均具紫蓝色金属光泽；初级覆羽、初级飞羽和尾羽具暗蓝绿色光泽。下体乌黑色或黑褐色；喉部羽毛呈披针形，具有强烈的绿蓝色或暗蓝色金属光泽；其余下体具紫蓝色或蓝绿色光泽，但明显较上体弱。喙粗且厚，上喙前缘与前额几成直角。虹膜褐色或暗褐色，嘴、脚黑色。离趾型足，趾三前一后，后趾与中趾等长；腿细弱，跗跖后缘鳞片常愈合为整块鳞板；雀腭型头骨。鼻孔距前额约为嘴长的 1/3，鼻须硬直，达到嘴的中部。

栖息环境 主要栖息于低山和平原阔叶林、针阔叶混交林、针叶林、次生杂木林、人工林等各种森林类型中，尤以疏林和林缘地带较常见。

生活习性 除繁殖期成对活动外，多成 3~5 只或 10 多只的小群活动，有时亦见与秃鼻乌鸦、小嘴乌鸦混群活动，偶尔也见有数十只甚至数百只的大群。多在树上或地上栖息，也栖息于电线杆上和屋脊上。性机警，常伸颈张望和观察四周动静，对人尤为警惕，见人很远即飞并不断扭头向后张望。无人的时候很大胆，有时甚至到居民院坝、猪圈、打谷场、

牛棚等处觅食，一旦发现人，会立即发出警叫声，全群一哄而散，飞到附近树上，待人离去，又会逐渐试探着飞去觅食，有时甚至偷偷地紧跟在农民后面啄食从土壤中犁出的食物或站在牛背上啄食寄生虫。早晨和下午较为活跃，觅食频繁，中午多在食场附近树上休息。主要以蝗虫、金龟甲、叩甲、蝼蛄、蛴螬等昆虫为食，也吃雏鸟、鸟卵、鼠类、腐肉以及植物叶、芽、果实、种子等，属杂食性。叫声单调粗犷，似“呱 – 呱 – 呱”声。

地理分布 保护区记录于双坑口。浙江省各地广布。国内分布于浙江、北京、天津、河北、山东、河南、山西、陕西、内蒙古、宁夏、甘肃、云南东部、四川、重庆、贵州、湖北、湖南、安徽、江西、江苏、上海、福建、广东、香港、澳门、广西、海南、台湾。

繁殖 繁殖期 3—6 月。营巢于高大乔木顶部枝杈处，距地高 5~20m。巢主要由枯枝构成，内垫枯草、植物纤维、树皮、草根、毛发、苔藓、羽毛等柔软物质，巢呈碗状。3 月开始营巢，4 月中下旬开始产卵，每窝产卵 3~5 枚。卵天蓝色或深蓝绿色，被褐色和灰褐色斑点，尤以钝端较密，大小为（41.0~48.8mm）×（27.4~30.2mm）。雌、雄鸟轮流孵卵，孵化期 17~19 天。雏鸟晚成性，由雌、雄亲鸟共同喂养，留巢期 26~30 天。

居留型 留鸟（R）。

保护与濒危等级 《中国生物多样性红色名录》无危（LC）;《IUCN 红色名录》无危（LC）。

保护区相关记录 首次记录为张雁云（2017）。

120 白颈鸦 白颈乌鸦

Corvus pectoralis (Gould,1836)

目 雀形目 PASSERIFORMES
科 鸦科 Corvidae

英文名 Collared Crow

形态特征 大型鸦类，体长 42~54cm。雌、雄羽色相似。全身除后颈、颈背和胸有 1 个白圈外，其余体羽全黑。上体具紫蓝色金属光泽，小翼羽和初级飞羽外翈具绿色光泽，喉部羽毛呈披针形，具紫绿色金属光泽。幼鸟羽色与成鸟相似，但白色部分不显著，而显土黄色或浅褐色；黑色部分暗纯，且无紫蓝色光泽。虹膜褐色；嘴、跗跖、趾、爪均黑色。

栖息环境 栖息于低山、丘陵和平原地带，常在竹丛、灌木丛、疏林和稀疏草坡活动，尤其是村庄、城镇附近和公园中。

生活习性 多单独行动，或成 3~5 只或 10 余只的小群，有时与大嘴乌鸦混群。清晨飞到田野觅食，晚上很晚才飞回村旁或林缘的树上过夜。善行走，在地上觅食时常一步一步地向前移动，不时扭头向四处张望。性机警，比其他鸦类更难接近，见人走近，离很远就飞走。鸣声较其他鸦类洪亮，常边飞边叫，似“kaar-kaar”声。栖止时，多伸颈鸣叫。杂食性；动物性食物包括鞘翅目金龟甲、步甲、锹形虫，半翅目、鳞翅目幼虫，以及蜗牛、泥鳅、小鸟等；植物性食物包括玉米、土豆、黄豆、小麦及草籽；有时也吃垃圾、腐肉等。

地理分布 保护区内记录于黄连山、长蛇岗、道均垟、丁步头等地。浙江省内见于杭州、绍兴、宁波、舟山、金华、温州、丽水。国内分布于浙江、北京、天津、河北、山东、河南、山西、陕西、内蒙古中部、甘肃、云南东北部、四川、重庆、贵州、湖北、湖南、安徽、江西、江苏、上海、福建、广东、香港、澳门、广西、海南、台湾。

繁殖 繁殖期 3—6 月。通常营巢于悬崖崖壁洞穴中，也在高大乔木的树洞和高大建筑物屋檐下筑巢。成群在一起营巢，有时亦见单对在树洞中或树上营巢的。巢呈碗状，巢外层为枯枝，内层为树皮、棉花、羊毛、麻、人发、兽毛、羽毛等柔软材料。每窝产卵 2~6 枚，多为 3~4 枚。卵淡蓝绿色，具橄榄褐色条纹及块斑，大小为（31~35mm）×（21~27mm）。

居留型 留鸟（R）。

保护与濒危等级 《中国生物多样性红色名录》近危（NT）;《IUCN 红色名录》易危（VU）。

保护区相关记录 首次记录为第一次综合科考（1984）。翁少平（2014）、张雁云（2017）也有记录。

中文名索引

拉丁名索引

图书在版编目（CIP）数据

浙江乌岩岭国家级自然保护区鸟类图鉴. 上册 / 刘西，雷祖培，刘宝权主编. — 杭州 : 浙江大学出版社，2022.3
ISBN 978-7-308-22377-5

Ⅰ. ①浙… Ⅱ. ①刘… ②雷… ③刘… Ⅲ. ①自然保护区－鸟类－泰顺县－图集 Ⅳ. ①Q959.708-64

中国版本图书馆CIP数据核字(2022)第035508号

浙江乌岩岭国家级自然保护区鸟类图鉴（上册）
刘　西　雷祖培　刘宝权　主编

责任编辑　季　峥
责任校对　潘晶晶
封面设计　沈玉莲
出版发行　浙江大学出版社
（杭州市天目山路148号　邮政编码　310007）
（网址：http://www.zjupress.com）
排　　版　杭州林智广告有限公司
印　　刷　杭州宏雅印刷有限公司
开　　本　787mm×1092mm　1/16
印　　张　16.5
字　　数　286千
版 印 次　2022年3月第1版　2022年3月第1次印刷
书　　号　ISBN 978-7-308-22377-5
定　　价　298.00元